深度学习：
基于 MATLAB 的设计实例

Deep Learning for Beginners:
with MATLAB Examples

［韩］Phil Kim　　著

邹　伟　　王振波　　王燕妮　译

北京航空航天大学出版社

图书在版编目(CIP)数据

深度学习：基于 MATLAB 的设计实例 /（韩）金晟箭
(Phil Kim) 著；邹伟，王振波，王燕妮译. -- 北京：
北京航空航天大学出版社，2018.3
书名原文：Deep Learning for Beginners：with
MATLAB Examples
ISBN 978 - 7 - 5124 - 2666 - 5

Ⅰ．①深… Ⅱ．①金… ②邹… ③王… ④王… Ⅲ.
①机器学习 Ⅳ．①TP181

中国版本图书馆 CIP 数据核字（2018）第 050355 号

深度学习：基于 MATLAB 的设计实例
Deep Learning for Beginners：with MATLAB Examples
［韩］Phil Kim 著

邹　伟　王振波　王燕妮　译

责任编辑　宋淑娟

*

北京航空航天大学出版社出版发行

北京市海淀区学院路 37 号（邮编 100191）　http://www.buaapress.com.cn
发行部电话：(010)82317024　传真：(010)82328026
读者信箱：emsbook@buaacm.com.cn　邮购电话：(010)82316936
北京建宏印刷有限公司印装　各地书店经销

*

开本：710×1 000　1/16　印张：12.5　字数：173 千字
2018 年 4 月第 1 版　2024 年 7 月第 6 次印刷　印数：9 301～9 800 册
ISBN 978 - 7 - 5124 - 2666 - 5　定价：59.00 元

序　言

我有幸见证了世界向信息化社会的转变过程，随之而来的就是一个网络化的环境。我从小就生活在这种变革中。个人计算机的发明打开了人类通向信息世界的大门，接着就是互联网将计算机连接了起来，智能手机将人与人联系了起来。现在，每个人都意识到人工智能的浪潮已经到来。越来越多的智能服务即将被发明出来，同时这也将把我们带入一个新的智能时代。深度学习是引领这股智能浪潮的前沿技术。虽然它最终可能将其宝座移交给其他新技术，但是目前它仍是各种人工智能新技术的重要基石。

深度学习如此流行，以至于关于它的资料随处可见。然而适用于初学者的资料并不多见。我编写这本书的目的是希望帮助初学者在学习这个新知识的过程中不那么痛苦，因为我曾体验过这种痛苦，同时也希望本书中具体的开发实例讲解能够帮助初学者避免我曾经遇到的困惑。

本书主要考虑了两类读者。第一类是准备系统地学习深度学习以进一步研究和开发的读者。这类读者需要从头到尾阅读本书内容，其中的示例代码将更加有助于进一步理解本书所讲的内容。我为提供恰当的例子并加以实现做出了很大的努力，同时为了使编写的代码易于阅读和理解，均将它们用 MATLAB 编写而成。在简单和直观性上，没有任何语言比 MATLAB 更易于处理深度学习中的矩阵。示例代码仅采用了基本的函数和语法，以便不熟悉 MATLAB 的读者也能容易理解和分析里面的概念。对于熟悉编程的读者来说，代码可能比文字更容易理解。

第二类是想比从杂志或报纸上获得更深入的深度学习信息，但不必进行实际研究的读者。这类读者可以跳过代码，只需简要地阅读对这些概念

1

的解释即可；也可以跳过神经网络的学习规则这部分内容。实际上，因为很容易获取各种深度学习库，甚至开发者很少需要亲自实现这些学习规则，因此，对于那些从不想开发深度学习的人员，不必担心本书内容的难度。但是请重点关注第 1 章、第 2 章（第 2.1～2.4 节）、第 5 章和第 6 章的内容。特别是第 6 章，即使只是阅读其概念和示例结果，也有助于理解深度学习的大多数重要技术。为了提供理论背景，本书中偶尔会出现一些方程，但它们只是基础的运算。阅读和学习你能忍受的内容最终将让你对这些概念有个全面的理解。

本书结构

本书共包含 6 章内容，可以分为 3 个主题。

第 1 个主题是机器学习，这是第 1 章的内容。深度学习起源于机器学习，这意味着如果想要理解深度学习的本质，就必须在某种程度上知道机器学习背后的理念。第 1 章从机器学习与深度学习的关系开始讲起，随后是解决问题的策略和机器学习的基本局限性。此处仅涵盖了神经网络和深度学习的基本概念，并没有详细介绍技术本身。

第 2 个主题是人工神经网络[①]，这是第 2～4 章的重点内容。由于深度学习就是采用一种神经网络的机器学习，所以不能将神经网络与深度学习分开。第 2 章从神经网络的基本概念讲起：它的工作原理、体系结构和学习规则，也讲到了神经网络由简单的单层结构演化为复杂的多层结构的原因。第 3 章介绍了反向传播算法，它是神经网络中一种重要和典型的学习规则，深度学习也使用这种算法。本章解释了代价函数和学习规则是如何联系起来的，哪一种代价函数在深度学习中被广泛使用。第 4 章介绍了将神经网络应用到分类问题中的方法。其中单列一节专门讲分类，因为它是目前最流行的一种深度学习应用。例如图像识别是一个分类问题，也是深度学习的

---

① 除非它与人脑神经网络相混淆时才加以说明，本书中的神经网络指的就是人工神经网络。

一种主要应用。

　　第 3 个主题是深度学习,也是本书的重点,将在第 5 章和第 6 章中讲解。第 5 章介绍了使深度学习能够产生卓越性能的驱动因素。为了有助于更好地理解,本章先谈了深度学习的发展历程,包括它遇到的障碍及解决办法。第 6 章讲解了卷积神经网络,它是深度学习的代表性技术。卷积神经网络在图像识别领域是首屈一指的技术。本章首先介绍了卷积神经网络的基本概念和结构,并与前面的图像识别算法进行了比较;随后解释了卷积层和池化层的作用和运算方法,它们是卷积神经网络的重要组成部分。第 6 章也包含了一个用卷积神经网络进行数字图像识别的例子,并研究了图像通过各层的演化过程。

示例代码

　　本书中的全部代码和数据都能通过下面的链接获取,这些例子都通过了 MATLAB 2014 的测试,并且不需要额外的工具箱,链接地址是

github. com/philbooks/Deep-Learning-for-Beginners

致　谢

　　实际上,我认为大部分书籍的致谢都与读者无关,然而我还是准备按惯例写下一些感谢的话语,因为许多人和事对我来说都很特别。首先,我对在 Modulabs(www. modulabs. co. kr)共同学习深度学习的朋友们深表感谢,我所知道的大部分深度学习知识都来源于他们;并且我还要感谢我的导师 S. Kim,是他接受我,把我领进了这个奇妙的领域,共度春夏秋冬,我才能在 Modulabs 完成本书的大部分内容。

　　同时我也感谢来自 Bogonet 的 Jeon 主席,来自 KARI 的 H. You 博士、Y. S. Kang 博士和 J. H. Lee 先生,来自 Modulabs 的 S. Kim 导师,来自 J. MARPLE 的 W. Lee 先生和 S. Hwang 先生,他们都花了很多时间和精

力来阅读和修改我的书稿,他们在整个修改过程中提出了很多建议,虽然这也给了我一段艰难的时光,但只有这样我现在才能毫无遗憾地完成本书。

最后,我把最深的感谢和爱献给我的妻子,她是我此生遇到的最好的女人;我也爱我的孩子,他们从来不会厌倦我,并且与我分享了珍贵的回忆。

Phil Kim

目　　录

1

第 1 章
机器学习

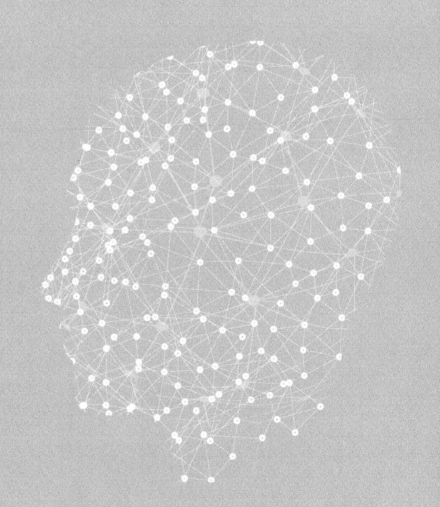

第1章

小器具区

1.1　机器学习与深度学习

　　在互联网上很容易找到机器学习和深度学习的概念，但是人们经常将它们混淆。如果已决定了这个研究方向，那么就应该分清这些词的实际含义，尤其是它们的区别。

　　当你第一次听到"机器学习"这个词的时候想到了什么？会不会是图 1-1 中的这个场景[①]？如果是，那么你就是只看字面意思了。

图 1-1　这是不是机器学习的场景？

　　图 1-1 展示的内容更偏向于人工智能而非机器学习。以图中的方式理解机器学习会带来严重的困惑。虽然机器学习的确是人工智能的一个分

---

　　① 摘自：Euclidean Technologies Management（www. euclidean. com）。

3

支,但它所表达的意思与图示中的内容完全不同。

通常,人工智能、机器学习、深度学习的关系是:"深度学习是机器学习的分支,机器学习是人工智能的分支。"三者的关系可用图 1-2 来表示。

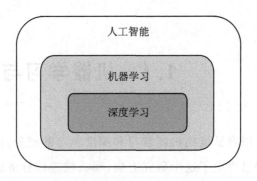

图 1-2　人工智能、机器学习、深度学习的关系

哇! 什么意思? 很简单,对不对? 这种认识可能不会像自然法则那样是绝对正确的,但是已经被广泛接受了。

下面来深挖一下这个概念。人工智能是一个范围极广的词,它可以表达很多不同的事物。它可能指任何包含一些智能的技术,而非指某些特定的技术领域。与之相反,机器学习恰恰指某些特定的领域。换句话说,使用"机器学习"这个词来特指人工智能中某些特定的领域。当然,机器学习本身也包括很多技术,其中之一就是深度学习,即本书的主题。

深度学习是机器学习的分支这一事实非常重要,这也是为什么这里长篇大论地讲人工智能、机器学习、深度学习之间的关系。深度学习最近被广受关注,因为它高效地解决了以往对人工智能极具挑战性的任务。深度学习的效果在很多领域都表现得非常好。当然,深度学习也有限制,深度学习的一个束缚就是它源自机器学习的一些概念,作为机器学习的分支,深度学习不可避免地涉及了机器学习的各个方面。这就是为什么本书需要在深度学习之前回顾机器学习。

1.2　什么是机器学习

简言之,机器学习是通过数据进行建模的技术。这个定义或许对初学者来说太过简短了,很难真正地理解。因此,下面略微深入地解释它。机器学习就是从给定的数据中挖掘出合适模型的技术。这里的数据指的是文档、声音、图像等各类信息,模型是机器学习的最终输出结果。

在继续解释模型之前,先插入一个小话题。在机器学习的定义中只是提出了数据和模型的概念,定义中似乎与"学习"没有什么关系,这难道不奇怪吗？其实这个名字反映了分析数据和找到模型的技术方法:机器学习是依赖模型自身获得参数而非依赖人。之所以叫它"学习"是因为这个过程类似于训练这批数据去找到模型,从而解决问题。因此,机器学习在建立模型过程中所使用的数据叫做"训练数据",图1-3展示了机器学习的流程。

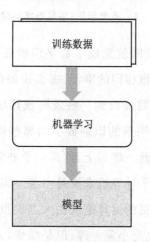

图1-3　建立机器学习模型的流程

下面继续讨论模型。事实上,模型的唯一目的就是获得最终的结果。

例如,如果想开发一个自动滤除垃圾邮件的自动过滤系统,那么"垃圾邮件过滤器"就是需要讨论的模型。在这种情况下,就可以说实际使用的是模型。有人把模型称为"假设",这个术语更多地表现了统计学的背景。

机器学习并非建模的唯一技术。在动力学领域中,人们早已长期使用牛顿定律和一系列动量方程来描述物体的动量;在人工智能领域中,人们使用基于知识表达和知识使用的专家系统来建模。从实践中发现,这个模型就像专家那样,效果非常好。

但是,在有些领域中却很难通过客观规律和逻辑推理来建模,典型的就是那些涉及智能领域的问题,如图像识别、语音识别和自然语言处理。比如,图 1-4 中有关数字识别的问题。

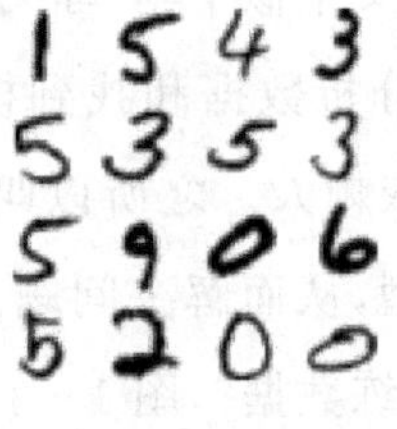

图 1-4　简单示例:手写数字图像识别

相信大家一定是在瞬间就完成了数字识别任务,而且大多数人都是如此。不过,如果让计算机做相同的事情,那么该如何设计算法模型呢? 如果使用传统的建模技术,就需要找到一些规则或算法来判别手写的数字。既然如此,直接使用大脑中用到的识别数字的那些规则不就好了么? 非常简单,对吧? 但事实并非如此。事实上,这是一个非常有挑战性的工作。有一个时期,研究者认为这对于计算机来说是小菜一碟,因为数字识别对于人类来说是小菜一碟,而计算机的运算速度比人类快很多,所以自然而然就认为这对于计算机来说肯定也是小菜一碟;但是很快,人们意识到这种想法太乐观了。

如何才能在没有特定说明或规则的情况下识别数字呢? 这似乎很难回

答。但是，人们更关心的是：为什么很难回答呢？因为我们从未学到过这样的规则。从小的时候，我们仅仅学过"这个是0"，"那个是1"。我们只是在思考这些数字是什么，并且在见过大量数字图片之后，能够识别得越来越好。是这样吧？那么，计算机又该如何做呢？不妨让计算机也重复相同的过程！是的，祝贺你，你现在抓住了机器学习的概念核心。机器学习被用来解决那些直接使用解析式很难解决的问题。机器学习建立模型的核心思想是在不容易建立公式和规则的情况下，使用训练的数据"通过合适的算法构建出一个模型"。

1.3　机器学习的挑战

已经知道，机器学习是一种从数据中找到（或者称为"学习"）模型参数的技术。因此，它很适合涉及"智慧"的问题，如图像识别和语音识别，在这些问题中，通过物理规则或数学公式几乎无法得到模型。机器学习使用的方法，一方面使得这个过程是可行的；但另一方面，又带来了更严重的问题。本节讨论机器学习面对的基础问题。

一旦机器学习根据训练数据得到了模型，人们就可以在实际数据中使用这个模型。这个过程可用图1-5来表示。图中垂直的箭头表示学习过程，即建立模型的过程，横向的箭头表示预测过程。

用于建立机器学习模型的训练数据与用于预测的输入数据是不同的。下面通过在图1-5中加入一项内容来更好地解释这个问题，如图1-6所示。

训练数据与输入数据的不同给机器学习带来了巨大的挑战。毫不夸张地说，机器学习的所有问题都来自于此。比如，使用某个人的所有手写体数

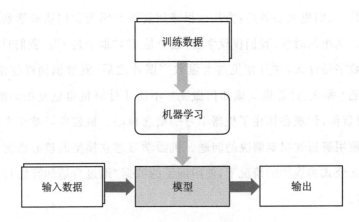

图 1 - 5　机器学习的建模和预测流程

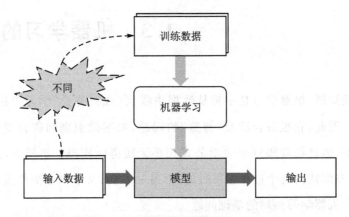

图 1 - 6　训练数据与输入数据不同

据进行建模,这个模型能够成功识别其他人的手写字体吗? 显然,由于每个人的字体相差巨大,所以这个模型的识别正确率会非常低。

　　任何机器学习算法都无法在使用错误数据的前提下获得好的结果,深度学习也是如此。因此,获取足够的反映行业特性的无偏训练数据对于机器学习算法至关重要。确保模型在训练集和预测集上效果一致的过程称为"泛化"。一个机器学习模型的成功很大程度上依赖于泛化是否成功。

1.4 过拟合

导致泛化过程失败的一个主要原因是过拟合——是的,这是另外一个新术语。不过完全没必要担心,因为它不是一个新概念。下面通过一个例子来解释这个词。

考虑图 1-7 的分类问题,需要将图中位置(或坐标)的数据分成两类。图中的点是训练数据,目标是根据训练数据判断分类边界曲线。

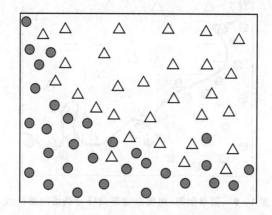

图 1-7 简单示例:待分类的数据点

图 1-7 中虽然还有个别偏离于大多数数据的离群点,但图 1-8 仍然给出了一条解释性很好的曲线。

当使用图 1-8 所示的曲线做判断时,会发现有些点还是没有被正确地分类。那么如果使用图 1-9 这样更复杂的曲线来做"完美"的分类呢?

图 1-9 的分类模型对训练数据做了完美的分类,觉得如何?你更喜欢哪个模型呢?它是否正确反映了泛化行为?现在就在实际环境中使用这个模型,新的输入数据在图 1-10 中以符号■表示。

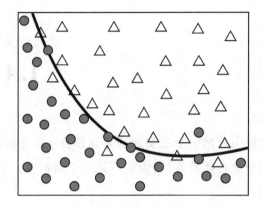

图 1-8　简单示例：用简单边界曲线分类后的数据点

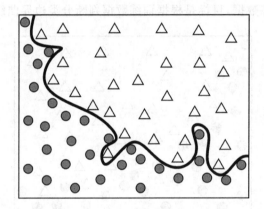

图 1-9　简单示例：用复杂边界曲线分类后的数据点

　　上述完美模型判断新数据的类别是△。但是，训练数据显示出的一般趋势告诉人们这个结果是值得怀疑的，而将这个新数据分类成●可能更有道理。但是，这个完美模型对于训练数据来说是 100 ％正确的，这到底发生了什么？

　　现在换个视角来看这组数据：一些离群点扰乱了分类边界。换句话说，数据包含了太多的噪声。而问题是没有任何办法能让机器学习辨别这一点，因为机器学习考虑所有的数据，甚至包括噪声，这样就会生成一个不适用的模型（这种情况下应当是一条曲线）。这是一种看上去很聪明其实很愚

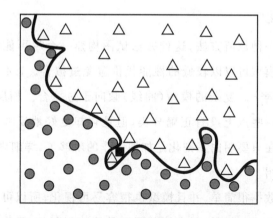

图1-10 简单示例:用复杂曲线分类后的效果验证

蠢的方法。正如所看到的,训练数据并非完美,它们可能包含了不同数量的噪声。如果认为训练数据中的每一个元素都是正确的,并且以此去精确地拟合模型,那么将得到一个低泛化的模型。这就是"过拟合"。

当然,正因其本质,机器学习应该努力地从训练数据中生成出一个优秀的模型。然而,一个模型可能不会非常恰当地反映出实际数据,但这也不是说就可以允许生成一个不精准的模型,因为这会破坏机器学习的基本策略。

现在就面临这样一个困境:减小训练数据误差将导致过拟合,削弱模型的泛化性能。怎么办?当然是直接面对它!1.5节将介绍防止过拟合的技术。

1.5 直面过拟合

过拟合明显地影响了机器学习的性能。通过观察模型各自处理过拟合的方法就可以判断孰优孰劣。本节将介绍两种处理过拟合的典型方法:正则化和验证。

1. 正则化

正则化是一种数值方法，这种方法试图构建一个尽可能简单的模型结构。简化后的模型可以以较低的性能代价避免过拟合。1.4 节中的分类问题是个很好的例子。复杂的模型（曲线）倾向于过拟合。相反，另一条简单的曲线虽然在一些点上没有正确分类，但是它却更好地反映了这些数据的整体特点。现在只要明白正则化是如何工作的就够了，详细内容将在第 3.4 节中进一步介绍。

由于训练数据很简单，并且模型也很容易可视化，所以可以直接判断说这个模型过拟合了。但是，很多情况下又是无法判断的，因为数据的维度可能更高，对于这类数据则无法画出模型去直观地评价其过拟合的影响，因此需要另一个方法去确定模型是否过拟合了，这就是"验证"的用武之地。

2. 验 证

验证是一种方法，它保留一部分训练数据用于观察模型的性能。验证集不用于训练过程，因为训练数据的模型误差不能表明过拟合程度，而需要用那部分保留的训练数据去检查模型是否过拟合。当训练好的模型在那些保留的训练数据即验证集上表现很差时，就可以说这个模型过拟合了。在这种情形下，就要修改模型以防止过拟合。图 1-11 演示了划分训练数据用于验证的方法。

当涉及验证时，机器学习的训练步骤如下：

① 将训练数据划分为两部分：一部分用于训练，另一部分用于验证。根据经验，训练集和验证集的比例为 8∶2。

② 用训练集训练模型。

③ 用验证集评估模型的性能：

ⓐ 如果模型得到了令人满意的性能，则会结束训练；

ⓑ 如果没有产生足够好的结果，则修改模型，并重复第②步。

交叉验证是这个验证方法的一种微小的变化形式。它仍然将训练数据

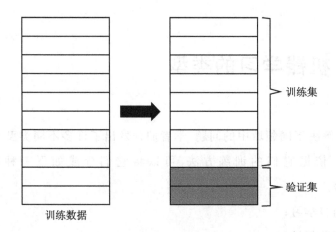

图 1-11 验证方法

划分为训练集和验证集,但是会持续改变这些数据集。交叉验证并不是保留最初划分的数据集,而是反复对数据集进行划分。这样做的原因是模型可能会因为固定的验证集而过拟合。由于交叉验证保持了验证集的随机性,所以可以更好地探测模型的过拟合水平。图 1-12 描述了交叉验证的概念。阴影部分表示验证数据,它在训练过程中被随机地选择出来。

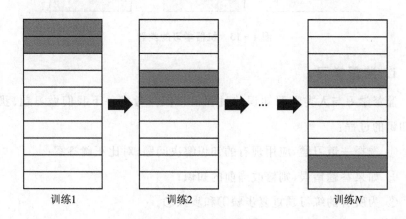

图 1-12 交叉验证方法

1.6 机器学习的类型

为了解决不同领域中的问题,学者们开发出了许多不同类型的机器学习技术。依据它们的训练方法,可以将它们分成如下三种类型(见图 1 - 13):

① 监督学习;

② 无监督学习;

③ 强化学习。

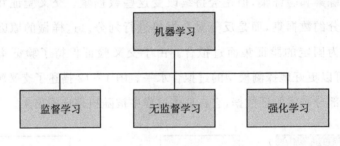

图 1 - 13 机器学习的类型

1. 监督学习

监督学习与人类学习知识的过程很相似。考虑一下我们做习题、获取新知识的过程:

① 选择一道习题,应用现有的知识解决问题,对比正确答案;

② 如果答题错误,则修改当前的知识;

③ 为所有的练习题重复步骤①和步骤②。

当把这个例子与机器学习进行对比时,会发现习题和答案对应于训练数据,知识对应于模型。重要的是我们需要答案,这也是监督学习至关重要的一方面。监督学习这个名称甚至就暗示了老师将答案提供给学生,并让学生记住它的这样一个类似的学习过程。

在监督学习中,每个训练数据集都应该包含成对的输入和正确输出,即

〔输入,正确输出〕

正确输出就是在给定输入时,期望模型所生成的结果。

监督学习中的"学习"就是对于同样的输入,为减少正确输出与模型输出之间差别的一系列的模型修改过程。如果模型训练得很完美,那么对应于训练数据的输入,它将产生一个正确的输出。

2. 无监督学习

与监督学习相反,无监督学习的训练数据仅包含输入,而没有正确输出,即

〔输入〕

刚看第一眼,可能很难理解没有正确输出是如何训练模型的,然而人们已经开发出了许多训练这类模型的算法。无监督学习通常用于研究数据的特征和进行数据预处理。这个概念类似于一个学生只是按照问题的构造和属性来对问题进行分类,并没有学会如何解决问题,因为没有已知的正确答案。

3. 强化学习

强化学习采用一组输入、一些输出和这些输出的等级作为训练数据,即

〔输入,一些输出,这些输出的等级〕

它通常用于需要优化互动的情形,如控制类型和游戏类型。

本书仅涵盖了监督学习。与无监督学习和强化学习相比,监督学习的应用更广泛;更重要的是,它也是进入机器学习和深度学习领域需要学习的第一个概念。

1.7 分类和回归

监督学习最常见的两种应用类型是分类和回归。看上去可能不熟悉，但实际上并不难理解。

1. 分 类

分类或许是机器学习中最流行的应用了。分类问题的重点是正确找到数据所属的类别。一些例子可能会帮助理解这个概念：

- 垃圾邮件过滤服务→按照合格或垃圾对邮件分类；
- 数字识别服务→将数字图像分类为 0～9；
- 人脸识别服务→将人脸图像分类为已注册的用户。

在 1.6 节中提到，监督学习需要成对的输入和正确输出作为训练数据。类似地，分类问题的训练数据就应该是

$$\{输入,类别\}$$

在分类问题中，需要知道输入属于哪个类别，这样，训练数据对中与输入相对应的正确输出就是类别。

下面举个例子来说明。考虑图 1-8 中的分类问题，现在需要机器学习模型回答的是：对于用户输入的坐标 (X,Y)，它属于哪个类别（$\triangle$ 和 $\bullet$）。

在这种情况下，N 组元素的训练数据如图 1-14 所示。

$\{X_1,Y_1,\triangle\}$
$\{X_2,Y_2,\bullet\}$
$\vdots$
$\{X_N,Y_N,\bullet\}$

图 1-14 简单示例：分类问题的训练数据

16

2. 回 归

与分类相反,回归问题不判断类别,而是估计出一个值。例如,如果有年龄和收入这样的数据集,想要找到一个根据年龄来估计收入的模型,那么这就是一个回归问题[①],如图 1－15 所示。

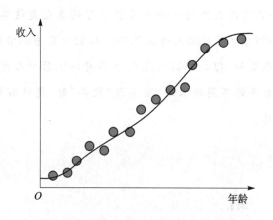

图 1－15　回归问题示例:年龄-收入模型

这个例子中的数据集如图 1－16 所示,X 和 Y 分别为年龄和收入。

$\{X_1, Y_1\}$
$\{X_2, Y_2\}$
⋮
$\{X_N, Y_N\}$

图 1－16　简单示例:回归问题的训练数据

分类和回归问题都属于监督学习。因此,它们的训练数据的形式都是

〈输入,正确输出〉

唯一的差别是正确输出的类型不同,分类的输出是类别,而回归的输出则是

---

① "回归"的原始意义就是回到一个平均值。Francis Galton 是一个英国基因学家,他通过研究双亲与孩子身高的相关性,发现个体身高收敛于全部人口的平均身高。后来他将该方法论命名为"回归分析"。

数值。

总之，当需要预测输入数据属于哪个类别时，属于分类；当需要预测输入数据的趋势时，属于回归。

参考内容：具有代表性的一种无监督学习的类型是聚类。它研究单个数据的特征，并划分相关数据的所属范畴。人们很容易混淆聚类和分类，因为它们的结果很类似，但二者仍然是完全不同的机器学习方法。大家一定要记住聚类和分类是不同的术语，当遇到"聚类"时，要提醒自己，它属于无监督学习的范畴。

1.8　总　结

下面简要回顾本章所讨论的内容：

- 人工智能、机器学习和深度学习是有区别的概念，但是它们又存在着一定的关联——深度学习是机器学习的分支，机器学习是人工智能的分支。

- 机器学习是一种归纳方法，它从训练数据中获取模型，在对图像识别、语音识别和自然语言处理中都很有用。

- 机器学习的成功很大程度上依赖于泛化过程的实现。为了防止因训练数据与实际输入数据的差异导致性能衰减，需要大量的无偏训练数据。

- 当模型过度偏向于训练数据时会产生过拟合，这时，模型对实际输入数据的结果表现不佳，而对训练数据的性能表现得却非常好。过拟合是降低泛化性能的主要因素之一。

- 正则化和验证是解决过拟合的代表性方法。正则化是一种数值方法,可生成尽可能简单的模型;相反,验证在训练过程中试图检查过拟合的迹象,并采取措施阻止过拟合。验证方法的一种变形是交叉验证。

- 依据训练方法的不同,机器学习可以分为监督学习、无监督学习和强化学习。用于这些学习方法的训练数据格式如表 1-1 所列。

表 1-1 监督学习、无监督学习和强化学习的训练数据格式

训练方法	训练数据
监督学习	〔输入,正确输出〕
无监督学习	〔输入〕
强化学习	〔输入,一些输出,这些输出的等级〕

- 依据模型的用途,监督学习可以划分为分类和回归。分类确定输入数据的归属类别,所给定的正确输出形式是类别;相反,回归的预测结果为数值,需要从训练数据中获取正确的输出值。

第 2 章
神经网络

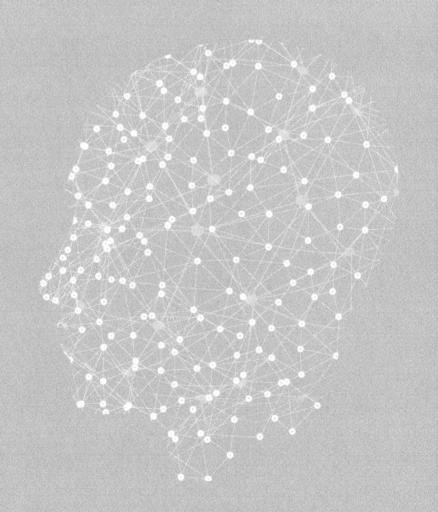

第 2 章

神经网络

2.1 概 述

本章介绍神经网络,它作为机器学习的一个模型,已经被广泛地使用。神经网络有着很长的发展历史,并且在研究中取得了大量的成果。现在也有许多关注神经网络的书籍。近年来,随着人们对深度学习兴趣的日益浓厚,神经网络的重要性也在显著地上升。下面将会简要回顾一些相关和实用的技术,以便更好地理解深度学习。为了照顾那些刚接触到神经网络这一概念的读者,后面将从基本的原理开始谈起。

首先看神经网络是如何与机器学习联系到一起的。机器学习模型有各种实现形式,神经网络是其中之一。是不是很简单?图 2 - 1 阐明了机器学习与神经网络的关系。与图 1 - 5 相比,可以看到"神经网络"取代了"模型",

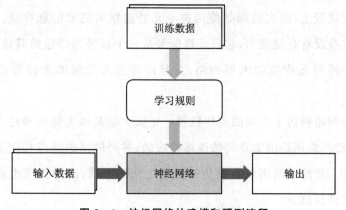

图 2 - 1　神经网络的建模和预测流程

"学习规则"取代了"机器学习"。在神经网络的背景下，用于确定模型（神经网络）的方法叫做学习规则。本章只解释单层神经网络的学习规则。第3章将讨论用于多层神经网络的学习规则。

第2.2节将介绍神经网络的基本单元——节点。节点是最小的单元，类似于大脑中的神经元。在第2.3节中将看到在由层次关系构成的神经网络中的信号处理过程。第2.4节将介绍如何将监督学习的概念应用到神经网络中。第2.5和2.6节将介绍监督学习是如何训练单层神经网络的。第2.7节将介绍用于训练神经网络的三种数据处理算法。第2.8节将通过实例建立一个学习规则。第2.9节将给出单层神经网络的一些根本的局限性。最后，第2.10节将总结本章内容。

2.2　神经网络节点

大脑在学习知识的同时会存储知识。计算机使用存储器来存储信息。尽管它们都存储信息，但机制却是完全不同的。计算机将信息存储在存储器的特定位置上，而大脑则是使用神经元的连接来完成信息存储。大脑的神经元本身没有存储能力，它只是将信号从一个神经元传递给其他神经元。大脑是由神经元构成的大型网络，并且由神经元之间的连接形成具体的信息。

神经网络模仿了大脑的工作机制。正如大脑是由大量的神经元连接而成的，神经网络则是由节点间的连接构成的；神经网络的节点相应于大脑中的神经元。神经网络用权重模仿神经元之间的关联，这种关联也是大脑最重要的工作机制。

表2-1总结了大脑与神经网络之间的相似点。

表 2-1 大脑与神经网络结构的对比

大　脑	神经网络
神经元	节点
神经元的连接	连接权重

过多的文字解释可能会引发更多的困惑。下面通过一个简单的例子来更好地理解神经网络的工作机制。看看图 2-2 中的一个节点，它接收三个输入。

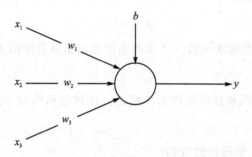

图 2-2 神经网络节点

图 2-2 中的圆圈和箭头分别表示节点和信号流动方向。x_1、x_2 和 x_3 为输入信号；w_1、w_2 和 w_3 为相应输入信号的权重；b 是偏差，是与信息存储有关的另一个要素。换句话说，神经网络的信息是以权重和偏差的形式存储的。

外界输入信号在到达节点前，首先要与权重相乘。一旦加权的信号到达节点，这些信号值就会相加成为一个加权和。本例中加权和的计算为

$$v = (w_1 \times x_1) + (w_2 \times x_2) + (w_3 \times x_3) + b$$

上式表明有着更大权重的信号会产生更大的影响。例如，如果 w_1 为 1，w_2 为 5，那么信号 x_2 的影响要比信号 x_1 的大 5 倍。当 w_1 为 0 时，x_1 根本不会传递到节点，这意味着 x_1 与节点断开了连接。这个例子表明神经网络权重的变化模仿了大脑改变神经元关联的行为。

加权和的等式可以扩展为矩阵形式,即

$$v = \mathbf{WX} + b$$

式中,$\mathbf{W}$ 和 $\mathbf{X}$ 的定义为

$$\mathbf{W} = \begin{bmatrix} w_1 & w_2 & w_3 \end{bmatrix}, \quad \mathbf{X} = \begin{bmatrix} x_1 \\ x_2 \\ x_3 \end{bmatrix}$$

最后,节点把加权和输入到激活函数,并产生一个输出,该激活函数确定了节点的输出,即

$$y = \varphi(v)$$

上式中的 $\varphi(\cdot)$ 是激活函数。许多类型的激活函数都能用于神经网络,稍后将进行详细阐述。

下面简要回顾神经网络的工作机制。在神经网络的节点中进行着如下计算过程:

① 计算输入信号的加权和

$$v = w_1 x_1 + w_2 x_2 + w_3 x_3 + b = \mathbf{WX} + b$$

② 计算通过激活函数的加权和的输出

$$y = \varphi(v) = \varphi(\mathbf{WX} + b)$$

2.3 多层神经网络

正如大脑是一个由神经元构成的大型网络,神经网络则是由节点构成的网络,并且根据节点的连接方式可以创造出各种各样的神经网络。最常用的一种神经网络类型如图 2-3 所示,它是一种节点层级结构。

图 2-3 中的方形节点组称为输入层。输入层节点仅作为输入信号传递

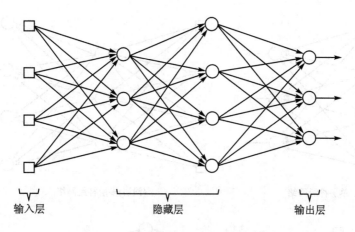

输入层　　　　　隐藏层　　　　　　输出层

图 2 - 3　层级结构的神经网络示意图

到下一层节点的通道中,因此输入层并不计算加权和及激活函数。也正是这个原因,才用方形表示这些节点,以区别于其他圆形节点。相比之下,最右边的节点组称为输出层,这些节点的输出是神经网络想要得到的最终结果。输入层与输出层之间的层称为隐藏层,因为无法从神经网络外部接触到这一层,所以有此命名。

　　现在的神经网络已经从一种简单的结构演变为一种更加复杂的结构。起初,神经网络的先驱们设计出一种非常简单的架构,它只有输入和输出层,称为单层神经网络。当把隐藏层加入到单层神经网络中时,就生成了多层神经网络。因此,多层神经网络包含一个输入层、隐藏层(多层)和一个输出层。只有一个隐藏层的神经网络称为浅层神经网络或普通(vanilla)神经网络。含有两个或多个隐藏层的多层神经网络称为深度神经网络,如图 2 - 4所示。现在,在多数实际应用中的神经网络都是深度神经网络。

　　表 2 - 2 为根据层级结构对神经网络的分类。

　　把多层神经网络分成两个类别的原因与其发展历史背景有关。神经网络起始于单层神经网络,紧接着演化为浅层神经网络,随后才发展为深度神经网络。在浅层神经网络发展 20 年后的 2000 年中期,深度神经网络才受到

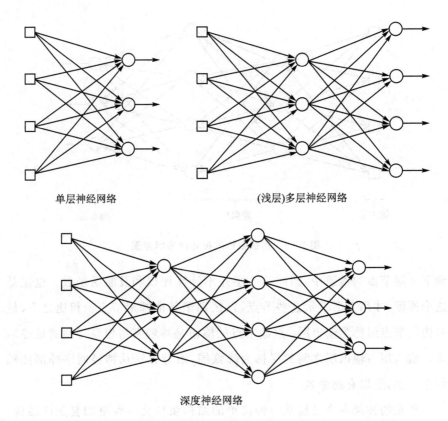

单层神经网络　　　　　　　　　(浅层)多层神经网络

深度神经网络

图 2-4　单层神经网络、(浅层)多层神经网络、深度神经网络示意图

明显的关注。因此,在过去很长一段时间里,多层神经网络指的就是只有单隐藏层的神经网络。当后来要区分出多隐藏层时,研究学者们才给它起了一个单独的名字:深度神经网络。

表 2-2　神经网络分类

单层神经网络	多层神经网络	
	浅层神经网络	深度神经网络
输入层—输出层	输入层—单隐藏层—输出层	输入层—多隐藏层—输出层

在多层神经网络中,信号从输入层进入,通过隐藏层,最后从输出层离

开。在这个过程中,信号一层一层地向前推进。换句话说,一层中的所有节点同时接收信号,随后再将这些经过处理的信号同时发送至下一层。

下面通过一个简单的例子来看各层是怎样处理数据的。图 2-5 是单隐藏层神经网络。

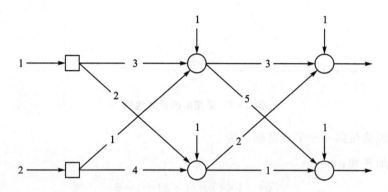

图 2-5 简单的单隐藏层神经网络

为了便于解释,现在将每个节点的激活函数假设为如图 2-6 所示的线性函数。

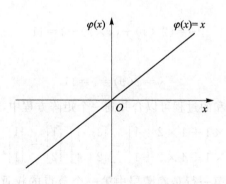

图 2-6 线性激活函数及其图像

如前所述,因为输入层的节点仅仅是传递信号,所以不需要对其进行计算。下面将计算隐藏层的输出,如图 2-7 所示。

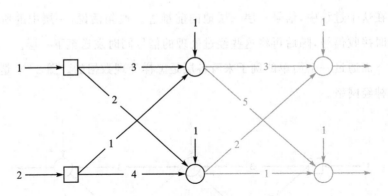

图 2-7　隐藏层的计算流程

隐藏层第一个节点的输出为

加权和：

$$v = (3 \times 1) + (1 \times 2) + 1 = 6$$

输出：

$$y = \varphi(v) = v = 6$$

以同样的方式计算隐藏层第二个节点的输出为

加权和：

$$v = (2 \times 1) + (4 \times 2) + 1 = 11$$

输出：

$$y = \varphi(v) = v = 11$$

上面计算加权和的过程可以合并到一个矩阵方程中，即

$$\mathbf{V} = \begin{bmatrix} 3 \times 1 + 1 \times 2 + 1 \\ 2 \times 1 + 4 \times 2 + 1 \end{bmatrix} = \begin{bmatrix} 3 & 1 \\ 2 & 4 \end{bmatrix} \begin{bmatrix} 1 \\ 2 \end{bmatrix} + \begin{bmatrix} 1 \\ 1 \end{bmatrix} = \begin{bmatrix} 6 \\ 11 \end{bmatrix}$$

权重矩阵中的第一行是隐藏层中第一个节点的权重，第二行是隐藏层中第二个节点的权重。可以将这个结果推广为下面的等式：

$$\mathbf{V} = \mathbf{WX} + \mathbf{B} \tag{2.1}$$

式中，$\mathbf{X}$ 是输入信号向量，$\mathbf{B}$ 是节点的偏差向量。矩阵 $\mathbf{W}$ 的每一行对应于隐藏层各节点的权重。对于图 2-5 的神经网络例子，$\mathbf{W}$ 被赋值为

$$\mathbf{W} = \begin{bmatrix} \text{-- 第一个节点的权重 --} \\ \text{-- 第二个节点的权重 --} \end{bmatrix} = \begin{bmatrix} 3 & 1 \\ 2 & 4 \end{bmatrix}$$

由于现在得到了隐藏层节点的输出,因此就可以确定下一层的输出了,即输出层的输出。这时,除了输入信号是来自隐藏层的外,其余的计算步骤都与前面的相同,如图 2-8 所示。

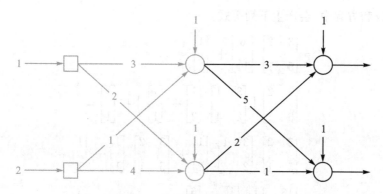

图 2-8   输出层的计算流程

现在就使用方程(2.1)中的矩阵来计算输出层的输出,即加权和:

$$\mathbf{V} = \begin{bmatrix} 3 & 2 \\ 5 & 1 \end{bmatrix} \begin{bmatrix} 6 \\ 11 \end{bmatrix} + \begin{bmatrix} 1 \\ 1 \end{bmatrix} = \begin{bmatrix} 41 \\ 42 \end{bmatrix}$$

输出:

$$\mathbf{Y} = \varphi(\mathbf{V}) = \mathbf{V} = \begin{bmatrix} 41 \\ 42 \end{bmatrix}$$

怎么样？这个过程看上去可能比较烦琐,其实计算本身并没有任何难以理解的地方。正如所看到的那样,神经网络无非就是一个有着仅执行简单计算的多层节点的网络,它并不涉及任何难以理解的公式或复杂的架构。虽然神经网络看似简单,但它已经打破了机器学习的主要领域的性能纪录,如图像识别和语音识别。是不是很有趣？它就像俗话所说"真相都很简单"一样描述得很贴切。

在总结本节之前,必须最后给出一个评论。刚才为隐藏层节点选用了一个线性方程作为激活函数,只是为了便于解释,实际上并不正确。为节点选用线性激活函数将使得已增加的这个隐藏层变为无效,从而,该模型就与没有隐藏层的单层神经网络在数学意义上变成完全相同了。如果这样做的话,下面来看看究竟会发生什么。将隐藏层的加权和计算方程代入输出层的加权和方程中,会产生下列等式:

$$\mathbf{V} = \begin{bmatrix} 3 & 2 \\ 5 & 1 \end{bmatrix} \begin{bmatrix} 6 \\ 11 \end{bmatrix} + \begin{bmatrix} 1 \\ 1 \end{bmatrix} =$$

$$\begin{bmatrix} 3 & 2 \\ 5 & 1 \end{bmatrix} \left(\begin{bmatrix} 3 & 1 \\ 2 & 4 \end{bmatrix} \begin{bmatrix} 1 \\ 2 \end{bmatrix} + \begin{bmatrix} 1 \\ 1 \end{bmatrix} \right) + \begin{bmatrix} 1 \\ 1 \end{bmatrix} =$$

$$\begin{bmatrix} 3 & 2 \\ 5 & 1 \end{bmatrix} \begin{bmatrix} 3 & 1 \\ 2 & 4 \end{bmatrix} \begin{bmatrix} 1 \\ 2 \end{bmatrix} + \begin{bmatrix} 3 & 2 \\ 5 & 1 \end{bmatrix} \begin{bmatrix} 1 \\ 1 \end{bmatrix} + \begin{bmatrix} 1 \\ 1 \end{bmatrix} =$$

$$\begin{bmatrix} 13 & 11 \\ 17 & 9 \end{bmatrix} \begin{bmatrix} 1 \\ 2 \end{bmatrix} + \begin{bmatrix} 6 \\ 7 \end{bmatrix}$$

上面的矩阵等式表明该神经网络等同于单层神经网络,如图 2-9 所示。

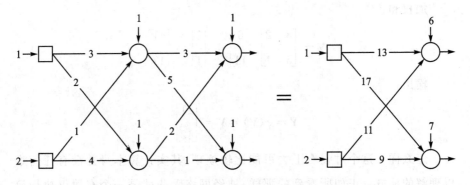

图 2-9　无效隐藏层神经网络

要记住,当隐藏层节点的激活函数为线性函数时,隐藏层将变为无效。然而,输出层的节点可以(有时是必须)采用线性激活函数。

2.4 神经网络的监督学习

本节将介绍神经网络在监督学习方面的概念和方法。第 1.6 节曾提到,在诸多训练方法中,本书仅涵盖监督学习。因此,本节也只讨论神经网络的监督学习算法。总的来说,神经网络的监督学习的步骤是:

① 用适当的值初始化权重;

② 从训练数据中获得"输入",训练数据的格式为{输入,正确输出},然后将"输入"传递到神经网络模型中,从模型获得输出,并依据"正确输出"计算误差;

③ 调整权重以减小误差;

④ 将所有训练数据重复第②、③步。

以上步骤与第 1.6 节介绍的监督学习过程基本一致。这很有意义,因为监督学习的训练是一个修正模型以降低正确输出与模型输出之间误差的过程。唯一的不同是,神经网络模型的修正过程就是其权重变化的过程。图 2 - 10 所示的流程图阐明了到现在为止已经讲过的监督学习的概念,它将帮助我们清晰地理解以上所描述的步骤。

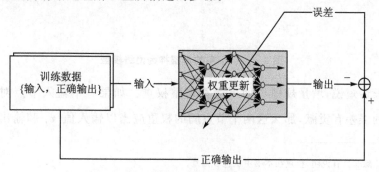

图 2 - 10　监督学习流程图

2.5　单层神经网络训练:增量规则

如前所述,神经网络以权重[①]的形式存储信息。因此,为了能用新的信息训练神经网络,权重应该做出相应的变化。把根据给定的信息来修正权重的系统性方法叫做学习规则。因为训练是神经网络系统地存储信息的唯一方法,所以学习规则是神经网络研究中的重要组成部分。

本节中将涉及增量规则(delta rule)[②],它是典型的单层神经网络的学习规则。尽管它不适合多层神经网络的训练,但是非常有助于研究神经网络学习规则这一重要概念。

考虑如图 2 - 11 所示的单层神经网络,图中 d_i 为输出节点 i 的正确输出。

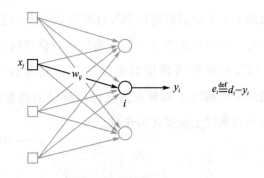

图 2 - 11　简单的单层神经网络模型

长话短说,增量规则按如下运算调整权重:“如果一个输入节点对输出节点的误差有贡献,那么这两个节点间的权重应当以输入值 x_i 和输出值误

---

①　除非另有说明,权重在本书中也包含偏差。

②　它也被称为 Adaline 规则或 Widrow-Hoff 规则。

差 e_i 成比例地调整。"这个规则可以用方程解释为

$$w_{ij} \leftarrow w_{ij} + \alpha e_i x_j \qquad (2.2)$$

式中：

x_j＝输入节点 j 的输出，$j=1,2,3$；

e_i＝输出节点 i 的误差；

w_{ij}＝输出节点 i 与输入节点 j 之间的权重；

α＝学习率 $(0<\alpha\leqslant 1)$。

学习率 α 决定了每次权重的改变量。如果该值太大，则输出就会在真解的周围徘徊（震荡）；相反，如果该值太小，则趋近真解的计算过程就会非常慢。

举一个具体的例子，考虑一个如图 2-12 所示的单层神经网络，它包含三个输入节点，一个输出节点。为了便于解释，这里假设输出节点没有偏差，并使用线性激活函数，即将加权和直接传递到输出节点。

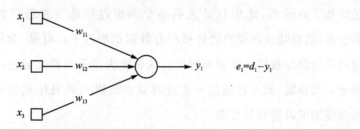

图 2-12 单层神经网络

注意权重下标的第一位数字（"1"），它表示输入要到达的节点的编号。例如，输入节点 2 与输出节点 1 之间的权重表示为 w_{12}。使用这种记号可以更容易地进行矩阵运算，例如，与节点 i 相关的权重位于权重矩阵的第 i 行。

把表示增量规则的方程(2.2)应用到本例中会得到权重的更新值为

$$w_{11} \leftarrow w_{11} + \alpha e_1 x_1$$

$$w_{12} \leftarrow w_{12} + \alpha e_1 x_2$$

$$w_{13} \leftarrow w_{13} + \alpha e_1 x_3$$

用增量规则进行单层神经网络训练的步骤是：

① 用适当的值初始化权重；

② 从训练数据中获得"输入"，训练数据的格式为｛输入，正确输出｝，然后将"输入"传递到神经网络模型中，计算正确输出 d_i 与模型输出 y_i 之间的误差 e_i，即

$$e_i = d_i - y_i$$

③ 根据增量规则计算权重的更新，即

$$\Delta w_{ij} = \alpha e_i x_j$$

④ 调整权重，即

$$w_{ij} \leftarrow w_{ij} + \Delta w_{ij}$$

⑤ 将所有的训练数据重复执行第②～④步；

⑥ 重复第②～⑤步，直至误差达到可以接受的水平。

以上的步骤几乎与第 2.4 节中的监督学习过程完全一样。唯一不同的是增加了第⑥步，此步只是说明整个训练过程是重复进行的。一旦完成第⑤步，就意味着此模型已经被所有数据训练过了。可是，为什么之后还要用同样的训练数据训练该模型呢？这是因为增量规则是通过不断重复该过程来寻找答案，而不是通过一次计算就求出解[①]，并且用相同的数据重复训练该模型可以提升其性能。

参考内容：在每一次迭代中，全部训练数据都经历了步骤②～⑤，这样的训练迭代次数叫做轮（epoch）。例如，"轮数＝10"的意思是神经网络用相同的数据集进行了 10 次训练。

---

① 增量规则（delta rule）是随机梯度下降（SGD）的一种典型数值方法。梯度下降过程从初始值开始计算，并趋近于真解。它命名的由来是这样的：该方法寻求解的过程犹如一个球从山顶沿着最陡峭的路径滚落的过程。在这个比喻中，球的位置就像是模型中的临时输出，而山脚的最低点就是模型的解。值得注意的是，梯度下降算法无法一次就求出解，就如不能一下子就把球扔到山底一样。

到目前为止,能跟上本节的进度吗? 如果能,则说明已经学到了关于神经网络训练的很多重要概念。尽管依据不同的学习规则会得到不同的方程,但是本质概念都是一样的。图 2 - 13 阐述了上面所描述的训练过程。

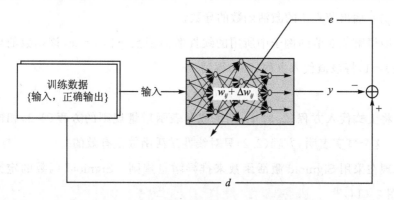

图 2 - 13　权重更新的监督学习流程图

2.6　广义增量规则

本节涉及增量规则的理论方面。不过不要有畏难情绪,下面只是学习最基本的主题内容,而在细节方面不会做太详细的阐述。

第 2.5 节的增量规则已经过时了。后面的研究表明,还存在着一个更为广义的增量规则。对于任意一个激活函数,都可以用下面的式子来表示增量规则,即

$$w_{ij} \leftarrow w_{ij} + \alpha \delta_i x_j \qquad (2.3)$$

式中除了用 δ_i 代替 e_i 外,其他与第 2.5 节中的增量规则是一致的。式(2.3)中的 δ_i 定义为

$$\delta_i = \varphi'(v_i) e_i \qquad (2.4)$$

式中：

e_i＝输出节点 i 的误差；

v_i＝输出节点 i 的加权和；

φ'_i＝输出节点 i 的激活函数的导数。

回想第 2.3 节的例子中所用的线性激活函数 $\varphi(x)=x$，该函数的导数 $\varphi'(x)=1$，将该值代入方程（2.4）得到

$$\delta_i = e_i$$

将上式代入方程（2.3）中，则生成与表示增量规则的方程（2.2）相同的方程，这个事实表明，方程（2.2）只对线性激活函数是有效的。

现在采用 Sigmoid 激活函数来推导增量规则。Sigmoid 函数的定义是（见图 2－14）[①]

$$\varphi(x) = \frac{1}{1 + e^{-x}}$$

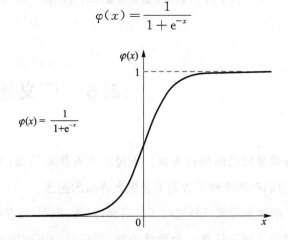

图 2－14　Sigmoid 激活函数及其图像

对 Sigmoid 函数求导得

$$\varphi'(x) = \varphi(x)\left[1 - \varphi(x)\right]$$

---

① Sigmoid 函数的输出值范围为 0～1。当需要神经网络产生概率输出时，Sigmoid 函数的这个属性就非常有用了。

将该导数代入方程(2.4)中得到

$$\delta_i = \varphi'(v_i)e_i = \varphi(v_i)[1 - \varphi(v_i)]e_i$$

再次将上面的等式代入方程(2.3)中,得到 Sigmoid 函数的增量规则为

$$w_{ij} \leftarrow w_{ij} + \alpha\varphi(v_i)[1 - \varphi(v_i)]e_i x_j \tag{2.5}$$

尽管上面这个权重更新公式相当复杂,但它仍然保持了这样一个基本概念:权重与输出节点误差 e_i 和输入节点值 x_j 成正比。

2.7 随机梯度下降算法、批量算法和小批量算法

本节介绍计算权重更新值 Δw_{ij} 所用的原理。这里有三种典型的算法可用于神经网络的监督学习过程。

2.7.1 随机梯度下降算法

随机梯度下降(Stochastic Gradient Descent,简称 SGD)算法计算每一个训练数据的误差并随机调整权重。假如有 100 个训练数据点,则 SGD 算法将进行 100 次的权重调整。图 2-15 展示了用 SGD 算法计算出的权重更新值是如何与全部训练数据相关联的。

因为 SGD 算法对每一个数据点都调整权重,所以在训练过程中,神经网络的性能是变化的。"随机"一词即暗含了训练过程的随机性。用 SGD 算法计算权重更新值的公式为

$$\Delta w_{ij} = \alpha\delta_i x_j$$

此方程表明 2.5 节和 2.6 节中所有的增量规则都是基于 SGD 算法的。

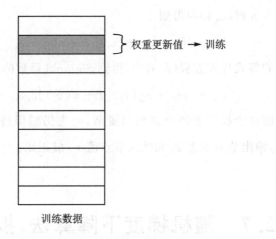

权重更新值 → 训练

训练数据

图 2 - 15 **SGD 算法**

2.7.2 批量算法

在批量(batch)算法中,对于每一个权重,使用全部训练数据分别计算出它的权重更新值,然后用这些权重更新值的平均值来调整该权重。批量算法每次都用到所有的训练数据,最后只更新权重一次。图 2 - 16 描述了批量算法的权重更新值的计算和训练过程。

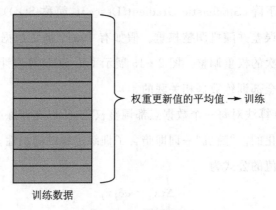

权重更新值的平均值 → 训练

训练数据

图 2 - 16 **批量算法**

批量算法计算权重更新值的公式为

$$\Delta w_{ij} = \frac{1}{N} \sum_{k=1}^{N} \Delta w_{ij}(k) \tag{2.6}$$

式中：

$\Delta w_{ij}(k)=$第 k 个训练数据的权重更新值；

$N=$训练数据的总个数。

由于是计算平均权重更新值，所以批量算法需要消耗较长的训练时间。

2.7.3　小批量算法

小批量(minibatch)算法是 SGD 算法与批量算法的混合形式。首先，它选出一部分数据集，然后，用批量算法训练这个数据集。这样，它就是用选出的数据集来计算一次权重更新值，然后再用平均权重更新值来调整该神经网络。例如，如果从 100 个训练数据点中任意选出 20 个数据点，那么将批量算法应用到这 20 个数据点上即可。在这种情况下，为了完成所有训练数据点的训练，总共要进行 5 次权重调整(5＝100/20)。图 2－17 展示了小批量算法是如何选择训练数据和计算权重更新值的。

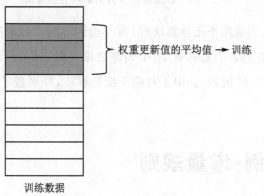

训练数据

图 2－17　小批量算法

当确定出合适的小批量数据点的个数时,小批量算法可以兼得这两种算法的优势:SGD 算法的高速度和批量算法的稳定性。正是这个原因,小批量算法才常常被应用于需要处理大量数据的深度学习模型。

现在,用"轮"(epoch)这个术语来解释 SGD、批量和小批量这三种算法。第 2.5 节简要地介绍了"轮"的概念,现在可以将其总结为:轮数是全部训练数据都参与训练的循环次数。在批量算法中,神经网络的训练循环次数等于图 2 - 18 所示的一个轮。这很有意义,因为批量算法在一次训练过程中使用所有的数据。

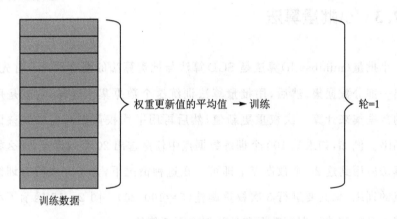

图 2 - 18　以批量算法为例解释轮的意义

相比而言,当采用小批量算法时,每一轮训练的次数取决于每个小批量数据点个数的选择。当总共有 N 个训练数据点时,每一轮训练的次数将会是大于 1 且小于 N 的数,其中 1 对应于批量算法,N 对应于 SGD 算法。

2.8　示例:增量规则

现在已经准备好用代码实现增量规则了。如图 2 - 19 所示,考虑包含三个输入节点和一个输出节点的神经网络。采用 Sigmoid 函数作为输出节点的激活函数。

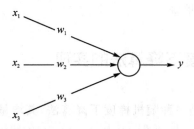

图 2 - 19　单层神经网络节点

现在有如图 2 - 20 所示的 4 个数据点。因为它们被用于监督学习,所以每个数据点包含了一对"输入-正确输出"数据,其中每个数据对的最后一个粗体数字为正确输出。

$\{0, 0, 1, \mathbf{0}\}$
$\{0, 1, 1, \mathbf{0}\}$
$\{1, 0, 1, \mathbf{1}\}$
$\{1, 1, 1, \mathbf{1}\}$

图 2 - 20　简单示例:监督学习的训练数据

现在用这个数据集来训练神经网络。将前面采用 Sigmoid 函数的增量规则即方程(2.5)作为学习规则。可以先把方程(2.5)分解为几个等式,然后再按步骤进行重新排列,即

$$\left. \begin{aligned} \delta_i &= \varphi(v_i)[1 - \varphi(v_i)]e_i \\ \Delta w_{ij} &= \alpha \delta_i x_j \\ w_{ij} &\leftarrow w_{ij} + \Delta w_{ij} \end{aligned} \right\} \tag{2.7}$$

对于该例子中的神经网络,分别用 SGD 和批量算法来实现增量规则。因为这是一个单层神经网络,并且只包含简单的训练数据,所以代码并不复杂。只要仔细观察下面两节中的代码,就会清晰地看到 SGD 代码与批量代

码之间的差别。如前面所讨论的那样，SGD 算法直接训练每一个数据点，并且不需要对权重更新值进行加法或者求平均值运算，所以 SGD 算法的代码比批量算法的代码简单些。

2.8.1 随机梯度下降算法的实现

DeltaSGD 函数是一种随机梯度下降算法，其增量规则由方程(2.7)给出。它接收神经网络的权重和训练数据，返回训练后的权重，即

W = DeltaSGD(W, X, D)

其中，W 是包含权重的参数；X 和 D 分别是包含训练数据的输入和正确输出，注意，训练数据被分为两个变量。下面的代码是 DeltaSGD. m 文件，它实现了 DeltaSGD 函数。

```
function W = DeltaSGD(W, X, D)
  alpha = 0.9;


  N = 4;
  for k = 1:N
    x = X(k, :)';
    d = D(k);


    v = W * x;
    y = Sigmoid(v);


    e = d - y;
    delta = y * (1 - y) * e;
```

```
        dW = alpha * delta * x;          % delta rule


        W(1) = W(1) + dW(1);
        W(2) = W(2) + dW(2);
        W(3) = W(3) + dW(3);
    end
end
```

上段代码按如下步骤进行：取其中一个训练数据点并计算输出 y；计算这个输出 y 与正确输出 d 的差；根据增量规则计算权重更新值 dW；用这个权重更新值 dW 调整神经网络的权重 W；重复以上步骤 N 次，N 即是训练数据的个数。

DeltaSGD 函数所调用的 Sigmoid 的代码如下。这段代码概括了 Sigmoid 函数的定义，并位于 Sigmoid.m 文件中。因为这段代码非常简单，所以不再进行讨论。

```
function y = Sigmoid(x)
    y = 1 / (1 + exp( - x));
end
```

下面的代码是 TestDeltaSGD.m 文件，使用该代码测试 DeltaSGD 函数。这段代码调用 DeltaSGD 函数，训练神经网络 10 000 次，并且显示训练后的神经网络的输出。通过比较模型输出与正确输出，可以看到神经网络的训练效果。

```
clear all
```

深度学习：
基于 MATLAB 的设计实例

```
X = [ 0 0 1;
      0 1 1;
      1 0 1;
      1 1 1;
    ];

D = [ 0
      0
      1
      1
    ];

W = 2 * rand(1, 3) - 1;

for epoch = 1:10000                    % train
    W = DeltaSGD(W, X, D);
end


N = 4;                                 % interface
for k = 1:N
    x = X(k, :)';
    v = W * x;
    y = Sigmoid(v)
end
```

上面的代码使用大小在−1～1之间的一些随机实数初始化权重。执行

46

代码后会输出如下值：

$$
\begin{bmatrix} 0.010\,2 \\ 0.008\,3 \\ 0.993\,2 \\ 0.991\,7 \end{bmatrix} \Leftrightarrow \mathbf{D} = \begin{bmatrix} 0 \\ 0 \\ 1 \\ 1 \end{bmatrix}
$$

可以看到,这些输出非常接近于 $\mathbf{D}$ 中的正确输出。因此可以得出结论:这个神经网络得到了正确的训练。

本书中的每一个示例代码都包含了实现代码和测试代码,它们位于不同的文件中。这是因为如果把它们放到一起会使代码变得更加复杂,并且妨碍对算法进行有效的解读。测试代码文件的名字以"Test"开头,然后是算法的名字。算法实现代码的文件以函数名称命名,这与 MATLAB 的命名惯例相一致。例如,DeltaSGD 函数的实现代码文件被命名为 DeltaSGD. m。算法的实现代码文件和测试代码文件的命名实例如表 2-3 所列。

表 2-3　算法代码文件的命名实例

算法代码类型	文件命名实例
实现代码	DeltaSGD. m
测试代码	TestDeltaSGD. m

2.8.2　批量算法的实现

DeltaBatch 函数采用批量算法实现了方程(2.7)所表示的增量规则。它接收神经网络的权重和训练数据,返回训练后的权重,即

```
W = DeltaBatch(W, X, D)
```

此函数中的变量的意义与 2.8.1 小节的 DeltaSGD 函数中的相同。下面的代码是 DeltaBatch. m 文件,它实现了 DeltaBatch 函数。

47

```
function W = DeltaBatch(W, X, D)
    alpha = 0.9;


    dWsum = zeros(3, 1);


    N = 4;
    for k = 1:N
        x = X(k, :)';
        d = D(k);


        v = W * x;
        y = Sigmoid(v);


        e = d - y;
        delta = y * (1 - y) * e;


        dW = alpha * delta * x;


        dWsum = dWsum + dW;


    end


    dWavg = dWsum / N;


    W(1) = W(1) + dWavg(1);
```

```
    W(1) = W(2) + dWavg(2);
    W(1) = W(3) + dWavg(3);
end
```

上段代码并不直接用单个训练数据点计算的权重更新值 dW 去训练神经网络,而是将全部训练数据计算的权重更新值累加为 dWsum,并用它的平均值 dWavg 对权重进行一次调整。这是将它与随机梯度下降(SGD)算法区别开的根本特征。批量算法的平均特性使得训练过程对训练数据不是那么敏感。

回忆方程(2.6)生成权重更新值的过程,当用上段展示的代码再去观察该方程时,它将变得更加容易理解。为了方便,此处再次给出方程(2.6)

$$\Delta w_{ij} = \frac{1}{N} \sum_{k=1}^{N} \Delta w_{ij}(k)$$

式中,$\Delta w_{ij}(k)$ 是第 k 个训练数据的权重更新值。

下段的代码是 TestDeltaBatch.m 文件,用于测试 DeltaBatch 函数。此代码调用 DeltaBatch 函数并训练神经网络 40 000 次。所有的训练数据都输入到训练后的神经网络中,并且展示输出结果。通过检查模型输出和训练数据中的正确输出来验证训练是否充分。

```
clear all

X = [ 0 0 1;
    0 1 1;
    1 0 1;
    1 1 1;
    ];
```

```
D = [ 0
      0
      1
      1
    ];

W = 2 * rand(1,3) - 1;

for epoch = 1:40000
    W = DeltaBatch(W, X, D);
end


N = 4;
for k = 1:N
    x = X(k, :)';
    v = W * x
    y = Sigmoid(v)
end
```

执行上段代码,将会在屏幕上看到下面的值:

$$\begin{bmatrix} 0.010\,2 \\ 0.008\,3 \\ 0.993\,2 \\ 0.991\,7 \end{bmatrix} \iff \mathbf{D} = \begin{bmatrix} 0 \\ 0 \\ 1 \\ 1 \end{bmatrix}$$

可以看到,模型输出与正确输出 $\mathbf{D}$ 非常接近,这证明神经网络得到了合适的训练。

这个测试程序几乎与 TestDeltaSGD. m 文件完全相同,所以不再进行
详细的解释。有趣的是,用这个算法训练该神经网络执行了 40 000 次,回忆
一下用 SGD 算法训练仅执行了 10 000 次,这表明批量算法需要更多的时间
去训练神经网络才能获得与采用 SGD 算法的精确度相当的神经网络。换句
话说,批量算法的学习速度比较慢。

2.8.3　随机梯度下降算法与批量算法的比较

现在来实际地研究随机梯度下降(SGD)算法和批量算法的学习速度。
在训练过程结束时,用这两种算法比较了全部训练数据的误差。下面的代
码是 SGDvsBatch. m 文件,用来比较这两种算法的平均误差。为了进行公
平的比较,现将两种算法的权重都初始化为相同的值。

```
clear all

X = [ 0 0 1;
     0 1 1;
     1 0 1;
     1 1 1;
    ];

D = [ 0
      0
      1
      1
    ];
```

```
E1 = zeros(1000, 1);

E2 = zeros(1000, 1);


W1 = 2 * rand(1, 3) - 1;

W2 = W1;



for epoch = 1:1000                        % train

    W1 = DeltaSGD(W1, X, D);

    W2 = DeltaBatch(W2, X, D);


    es1 = 0;

    es2 = 0;

    N = 4;

    for k = 1:N

        x = X(k, :)';

        d = D(k);


        v1 = W1 * x

        y1 = Sigmoid(v1);

        es1 = es1 + (d - y1)^2;


        v2 = W2 * x;

        y2 = Sigmoid(v2);

        es2 = es2 + (d - y2)^2;

    end

    E1(epoch) = es1/N;
```

```
    E2(epoch) = es2/N;
end


plot(E1,'r')
hold on
plot(E2, 'b:')
xlabel('Epoch')
ylabel('Average of Traning error')
lengend('SGD', 'Batch')
```

以上代码分别用 DeltaSGD 函数和 DeltaBatch 函数训练该神经网络
1 000 次。在每一轮训练中,都会将训练数据输入到神经网络中,并计算其
平均误差(E1,E2)。一旦代码完成 1 000 次训练,就会生成一个能显示每轮
平均误差的图。图 2‒21 表明 SGD 算法比批量算法能更快地降低学习误
差,也即 SGD 算法的学习速度更快。

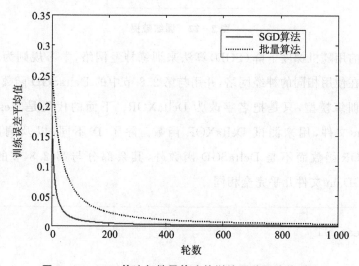

图 2‒21 SGD 算法与批量算法的训练误差平均值对比

2.9 单层神经网络的局限性

本节介绍从单层神经网络进化为多层神经网络的重要原因，下面通过一个特殊情形来讲解这个问题。如图 2 - 19 所示的神经网络包含三个输入节点和一个输出节点，并采用 Sigmoid 函数作为输出节点的激活函数。

假设有如图 2 - 22 所示的 4 个训练数据点，它与图 2 - 20 不同的是，第 2 个和第 4 个数据点的正确输出被反转了，而其输入则保持不变。这样，两套训练数据的差异是显而易见的，应该不会引起任何麻烦。

{0, 0, 1, **0**}
{0, 1, 1, **1**}
{1, 0, 1, **1**}
{1, 1, 1, **0**}

图 2 - 22 训练数据

之前用随机梯度下降（SGD）算法来训练神经网络，学习规则为增量规则。现在使用相同的神经网络，并用与第 2.8 节中的 DeltaSGD 函数相同的函数来训练模型，只是把名字改为 DeltaXOR。下面的代码是 TestDelta-XOR. m 文件，用来测试 DeltaXOR 函数。除了 **D** 不同，以及调用的是 DeltaXOR 函数而不是 DeltaSGD 函数外，其余部分与第 2.8 节的 Test-DeltaSGD. m 文件几乎完全相同。

```
clear all

X = [ 0 0 1;
```

```
    0 1 1;
    1 0 1;
    1 1 1;
   ];

D = [ 0
      0
      1
      1
    ];

W = 2 * rand(1, 3) - 1;


for epoch = 1:40000                % train
   W = DeltaXOR(W, X, D);
end


N = 4;                             % inference
for k = 1:N
  x = X(k, :)';
  v = W * x;
  y = Sigmoid(v)
end
```

当执行上段代码后,屏幕上会显示出下面的值:

$$\begin{bmatrix} 0.529\ 7 \\ 0.500\ 0 \\ 0.470\ 3 \\ 0.440\ 9 \end{bmatrix} \Leftrightarrow \mathbf{D} = \begin{bmatrix} 0 \\ 1 \\ 1 \\ 0 \end{bmatrix}$$

可以看出，其中包含训练后的神经网络的输出，这些输出对应于训练数据。现在可以将这些输出与正确输出 $\mathbf{D}$ 进行比较。

怎么回事？我们得到了完全不同的数据集！这说明延长训练神经网络的时间并不会给结果带来太大的改变。上段代码与第 2.8 节中的代码的差别仅在于正确输出变量 $\mathbf{D}$ 的不同。到底发生了什么？

可视化这些训练数据可有助于理解这个问题。可以将输入数据的三个值分别指定为坐标值 X,Y 和 Z。对于第三个值，也就是坐标值 Z，将其固定为数值"1"，这样，就可以将这些训练数据在一个二维平面上进行可视化，如图 2 - 23 所示。

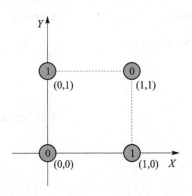

图 2 - 23　简单示例：图 2 - 22 中训练数据的可视化结果

图 2 - 23 中圆圈内的数值"0"和"1"代表每个训练数据点的正确输出。必须注意到的一点是，我们无法用一条直线将图中的"0"和"1"这两类区域分隔开，然而却可以用如图 2 - 24 所示的一条复杂曲线将它们分隔开。这类问题就是常说的线性不可分割问题。

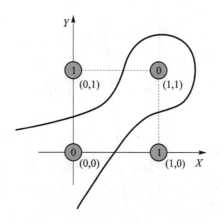

图 2 - 24 简单示例:用复杂曲线分割训练数据点

采用同样的可视化方法,则图 2 - 20 中的训练数据在 X - Y 平面上的图像如图 2 - 25 所示。

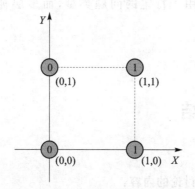

图 2 - 25 简单示例:图 2 - 20 中训练数据的可视化结果

在图 2 - 25 的情况下,就可以很容易地找到一条边界直线将"0"和"1"这两类区域分隔开,如图 2 - 26 所示,因此这是一个线性可分割问题。

简单地说,单层神经网络仅能解决线性可分割类的问题,这是因为单层神经网络是一种线性地分割输入数据空间的模型。为了克服单层神经网络的限制,需要为网络增加更多的节点层。因为有了这样的需求,所以就引出了多层神经网络,多层神经网络能够实现单层神经网络做不到的事情。以

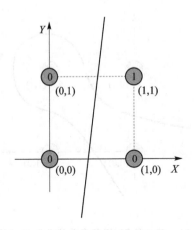

图 2 - 26　简单示例：用直线分割训练数据点

上是相当数学化的解释，如果还不能理解，则大可跳过这部分。只要记住一点：单层神经网络适用于特定的问题类型，而多层神经网络却没有这种限制。

2.10　总　结

下面总结本章所讨论的内容：

- 神经网络是一种由节点构成的网络，它模仿大脑的神经元结构。这些节点计算输入信号的加权和，并且利用激活函数与加权和来计算并输出结果。
- 多数的神经网络是由分层的节点构建的。对于分层的神经网络，信号从输入层进入，然后通过隐藏层，最后从输出层离开。
- 实际上，线性函数不能用作隐藏层的激活函数，这是因为线性函数使得隐藏层变为无效。然而在一些问题中，如回归问题，输出层节点可以采用线性函数。

● 在神经网络中,监督学习(见图 2 – 10)实现了调整权重的方法,并减小了正确输出与模型输出之间的差异。

● 根据训练数据去调整权重的方法叫做学习规则。

● 有三种主要的误差计算算法,它们是:随机梯度下降(SGD)算法、批量算法、小批量算法。

● 增量规则(delta rule)是典型的神经网络学习规则。根据激活函数的不同,增量规则的公式也会不同,公式为

$$\delta_i = \varphi'(v_i) e_i$$

$$w_{ij} \leftarrow w_{ij} + \alpha \delta_i x_j$$

● 增量规则是一种迭代算法,它逐渐趋近于最终解。因此,应当用训练数据反复地训练神经网络,直至误差降低到可以接受的水平。

● 单层神经网络仅适用于特定的问题类型,因此它的用途非常有限。而多层神经网络能够克服单层神经网络的局限性。

第 3 章
训练多层神经网络

第 3 章

训练竞赛运动生理网络

3.1 概　述

为了克服单层神经网络的局限性,神经网络已演化为多层的架构。然而,仅仅是将隐藏层添加到单层神经网络中就花了大约 30 年的时间。很难理解为什么花了这么长时间,根本原因在于学习规则。对于存储信息的神经网络而言,训练是唯一的方法,因此,不可训练的神经网络是无用的。然而遗憾的是,在相当长的时间里,多层神经网络并没有发展出一种合适的学习规则。

前面所介绍的增量规则(delta rule)对于多层神经网络的训练是不起作用的,这是因为将增量规则用于单层神经网络训练所必需的那些元素,在多层神经网络的隐藏层中并没有得到定义。这样,如果直接使用增量规则来训练多层神经网络,就会出现误差。输出节点的误差定义为正确输出与神经网络输出之差。然而,训练数据并没有为隐藏层提供正确输出,所以也就无法利用同样的方法为隐藏层的输出节点计算误差。什么?那么"怎样为隐藏层节点定义误差"呢?反向传播算法(backpropagation,简称 BP)是多层神经网络的代表性学习规则。

1986 年,反向传播算法的引入最终解决了多层神经网络的训练问题[①]。反向传播算法的重要意义在于它提供了一种确定隐藏层误差的系统性方

---

① David E Rumelhart, Geoffrey E Hinton, Ronald J Williams. Learning representations by back-propagating errors. Nature, October, 1986.

法,一旦确定好隐藏层的误差,就可以使用增量规则去调整权重,如图 3－1 所示。

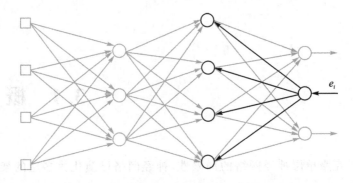

图 3－1　将误差反向传播的多层神经网络模型

神经网络的输入数据通过输入层、隐藏层和输出层正向移动。相反,在反向传播算法中,输出误差从输出层开始向反方向移动,直至到达输入层右侧的那个隐藏层。之所以将该过程叫做反向传播,就是因为它将输出误差向反方向传播。实际上在反向传播算法中,信号依然是通过连线进行传输,并且也是信号乘以权重。唯一的差异在于输入和输出信号以相反的方向传播。

第 3.2 节将会详细解释反向传播算法。虽然反向传播算法是由多层神经网络发展起来的,但它也可以应用到深度神经网络中。这里避免讨论数学上的细节,而是利用一个简单的例子来解释反向传播算法的训练过程。第 3.3 节将提供反向传播算法的实现代码。这段代码将展示多层神经网络是如何模拟 XOR(异或)问题的,即第 2.9 节中单层神经网络无法学习的那一类数据。当然,此代码采用反向传播算法作为学习规则。第 3.3 节还将介绍一种调整权重方法的变化形式,它能够改善神经网络的学习速度和稳定性。第 3.4 节将介绍代价函数,并用它推导出学习规则。这里将提到两个最重要的代价函数,并讨论它们的优缺点;另外,还会探讨将它们应用于学习规则时的差异。第 3.5 节将通过一个实例来研究代价函数对神经网络性能的影响。第 3.6 节是本章总结。

3.2 反向传播算法

本节用一个简单的多层神经网络的例子来解释反向传播算法。例如，一个神经网络，它的输入层和输出层都有两个节点，同时也有一个包含两个节点的隐藏层。为了方便，这里忽略偏差值。该神经网络如图 3-2 所示，其中的上角标表示层数。

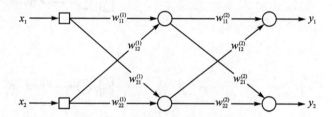

图 3-2 简单多层神经网络模型

为了获得输出误差，首先需要计算该神经网络的输出。因为这个神经网络有一个隐藏层，所以在计算输出之前，需要对输入数据进行两次处理。首先，计算隐藏层节点的加权和为

$$\begin{bmatrix} v_1^{(1)} \\ v_2^{(1)} \end{bmatrix} = \begin{bmatrix} w_{11}^{(1)} & w_{12}^{(1)} \\ w_{21}^{(1)} & w_{22}^{(1)} \end{bmatrix} \begin{bmatrix} x_1 \\ x_2 \end{bmatrix} \overset{\text{def}}{=\!=\!=} \mathbf{W}_1 \mathbf{X} \qquad (3.1)$$

当把加权和公式(3.1)代入激活函数后，得到隐藏层节点的输出为

$$\begin{bmatrix} y_1^{(1)} \\ y_2^{(1)} \end{bmatrix} = \begin{bmatrix} \varphi(v_1^{(1)}) \\ \varphi(v_1^{(1)}) \end{bmatrix}$$

式中，$y_1^{(1)}$ 和 $y_2^{(1)}$ 是相应于隐藏层节点的输出。采用类似的方式，计算输出节点的加权和为

$$\begin{bmatrix} v_1 \\ v_2 \end{bmatrix} = \begin{bmatrix} w_{11}^{(2)} & w_{12}^{(2)} \\ w_{21}^{(2)} & w_{22}^{(2)} \end{bmatrix} \begin{bmatrix} y_1^{(1)} \\ y_2^{(1)} \end{bmatrix} \xlongequal{\text{def}} \mathbf{W}_2 \mathbf{Y}^{(1)} \tag{3.2}$$

当把加权和代入激活函数后，神经网络会产生一个输出，即

$$\begin{bmatrix} y_1 \\ y_2 \end{bmatrix} = \begin{bmatrix} \varphi(v_1) \\ \varphi(v_2) \end{bmatrix}$$

现在开始用反向传播算法训练神经网络。第一步是计算每个输出节点的增量，即 δ。大家可能会问"这个增量就是从增量规则得来的吗?"没错！为了避免混淆，图 3-2 被重新绘制，将不必要的连线的颜色调暗，如图 3-3 所示。

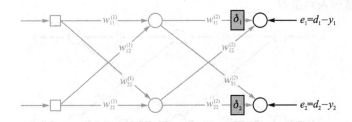

图 3-3 简单多层神经网络模型：误差从输出层反向传播

在反向传播算法中，输出节点的增量的定义与第 2.6 节里的增量规则中的增量定义一致，因此，输出节点的增量为

$$\left. \begin{array}{l} e_1 = d_1 - y_1 \\ \delta_1 = \varphi'(v_1) e_1 \\[2mm] e_2 = d_2 - y_2 \\ \delta_2 = \varphi'(v_2) e_2 \end{array} \right\} \tag{3.3}$$

式中，$\varphi'(\cdot)$ 是输出节点的激活函数的导数，y_i 是输出节点的输出，d_i 是训练数据的正确输出，v_i 是相应节点的加权和。

上面得到了每个输出节点的增量，下一步向左边移动，对隐藏层节点进行计算，计算出这些隐藏层的增量。为了方便，再次将图 3-2 中不必要的连

线的颜色调暗,如图 3-4 所示。

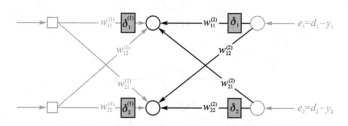

图 3-4 简单多层神经网络模型:计算隐藏层的增量

正如本章开始所讨论的,隐藏层节点的问题在于如何定义误差。在反向传播算法中,隐藏层节点的误差定义为:来自该隐藏层右侧邻近一层(在本例中,这一层为输出层)的反向传播的增量的加权和。一旦得到误差,就可以计算该节点的增量了,其计算方法与方程(3.3)一样,这个计算过程可以表述为

$$\left.\begin{aligned}
e_1^{(1)} &= w_{11}^{(2)}\delta_1 + w_{21}^{(2)}\delta_2 \\
\delta_1^{(1)} &= \varphi'(v_1^{(1)})e_1^{(1)} \\
\\
e_2^{(1)} &= w_{12}^{(2)}\delta_1 + w_{22}^{(2)}\delta_2 \\
\delta_2^{(1)} &= \varphi'(v_2^{(1)})e_2^{(1)}
\end{aligned}\right\} \tag{3.4}$$

式中,$v_1^{(1)}$ 和 $v_2^{(1)}$ 是相应节点接收的反向传播信号的加权和。从式(3.4)可以看出,前向和反向过程同样应用在隐藏层节点和输出层节点上,这表明输出层节点和隐藏层节点都经历了相同的反向过程,如图 3-5 所示,它们之间唯一不同的是误差的计算方法不同。

总之,隐藏层节点的误差是由反向传播的增量的加权和计算得出的,隐藏层节点的增量是由误差与激活函数的导数共同运算得出的。这个过程起始于输出层,然后对所有的隐藏层重复进行一次计算。这就很好地解释了什么是反向传播算法。

将方程(3.4)中的两个误差计算公式合并成矩阵方程为

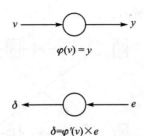

图 3-5　节点的前向和反向传播计算

$$\begin{bmatrix} e_1^{(1)} \\ e_2^{(1)} \end{bmatrix} = \begin{bmatrix} w_{11}^{(2)} & w_{21}^{(2)} \\ w_{12}^{(2)} & w_{22}^{(2)} \end{bmatrix} \begin{bmatrix} \delta_1 \\ \delta_2 \end{bmatrix} \tag{3.5}$$

将矩阵方程(3.5)与方程(3.2)的神经网络输出进行对比，可以发现方程(3.5)中的矩阵是方程(3.2)中权重矩阵 $\mathbf{W}_2$ 的转置[①]，因此，方程(3.5)可以写为

$$\begin{bmatrix} e_1^{(1)} \\ e_2^{(1)} \end{bmatrix} = \mathbf{W}_2^{\mathrm{T}} \begin{bmatrix} \delta_1 \\ \delta_2 \end{bmatrix} \tag{3.6}$$

方程(3.6)表明，可以将误差作为权重矩阵的转置与增量向量的乘积。利用这个非常实用的性质能够更加容易地实现一些算法。

如果还有其他的隐藏层，则可以直接对每一个隐藏层重复相同的反向传播过程，并且计算所有的增量。一旦计算出所有的增量，就可以去训练这个神经网络。可以直接用下面的方程来调整各层的权重，即

$$\left. \begin{array}{l} \Delta w_{ij} = \alpha \delta_i x_j \\ w_{ij} \leftarrow w_{ij} + \Delta w_{ij} \end{array} \right\} \tag{3.7}$$

式中，x_j 是相应权重的输入信号。为了便于解释，方程(3.7)已经忽略了参数上代表层号的上角标，这时看到了什么？可能有人会问，方程(3.7)不是与前面章节中增量规则的方程一样吗？问得好！是的，它们是一样的！其

---

① 当两个矩阵的行和列相反时，它们互为转置矩阵。

中一个微小的差异是隐藏层节点的增量,这些增量是利用神经网络输出误差进行反向计算得到的。

下面将进一步利用方程(3.7)推导调整权重的方程。例如,考虑权重 $w_{21}^{(2)}$,如图 3-6 所示。

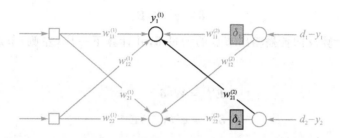

图 3-6　简单多层神经网络模型:输出层节点的权重更新

将图 3-6 中的权重 $w_{21}^{(2)}$ 代入方程(3.7)可得

$$w_{21}^{(2)} \leftarrow w_{21}^{(2)} + \alpha \delta_2 y_1^{(1)}$$

式中,$y_1^{(1)}$ 是第一个隐藏层节点的输出值。

下面看另外一个例子,如图 3-7 所示。

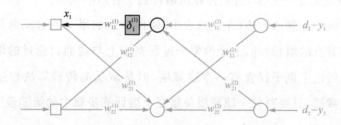

图 3-7　简单多层神经网络模型:隐藏层节点的权重更新

将图 3-7 中的权重 $w_{11}^{(1)}$ 代入方程(3.7)可得

$$w_{11}^{(1)} \leftarrow w_{11}^{(1)} + \alpha \delta_1^{(1)} x_1$$

式中,x_1 是第一个输入层节点的输出值,即神经网络的第一个输入值。

因此,使用反向传播算法训练神经网络的步骤如下:

① 用适当的值初始化权重;

② 从训练数据{输入，正确输出}中输入"输入"，从神经网络模型获得模型输出，并计算正确输出与模型输出之间的误差向量 $\mathbf{E}$，然后计算输出节点的增量 $\boldsymbol{\delta}$，即

$$e = d - y$$

$$\boldsymbol{\delta} = \varphi'(\mathbf{V})\mathbf{E}$$

③ 计算反向传播输出节点的增量 $\boldsymbol{\delta}$，并计算下一层（左侧）节点的增量值，即

$$\mathbf{E}^{(k)} = \mathbf{W}^{\mathrm{T}}\boldsymbol{\delta}$$

$$\boldsymbol{\delta}^{(k)} = \varphi'(\mathbf{V}^{(k)})\mathbf{E}^{(k)}$$

④ 重复第③步，直至计算到输入层右侧的那一隐藏层为止；

⑤ 根据下面的公式调整权重值，即

$$\Delta w_{ij} = \alpha \delta_i x_j$$

$$w_{ij} \leftarrow w_{ij} + \Delta w_{ij}$$

⑥ 对所有的训练数据节点重复第②～⑤步；

⑦ 重复第②～⑥步，直到神经网络得到了合适的训练。

除了第③步和第④步（在这两步中，输出节点的增量通过反向传播以获得隐藏层节点的增量）外，上面的整个过程基本上与前面讨论过的增量规则一样。虽然这个例子仅含有一个隐藏层，但是该反向传播算法也适用于训练多个隐藏层，只要对每个隐藏层都重复上面训练步骤中的第③步即可。

3.3 示 例

本节将利用 MATLAB 来具体实现反向传播算法。如图 3-8 所示，训练数据包含 4 个元素。当然，因为这是关于监督学习的，所以每个数据点都

包含成对的输入和正确输出。最右边的粗体数字是正确输出。可能大家已经注意到,这个数据与第 2.9 节中训练单层神经网络所使用的数据是一样的,只是当时采用单层神经网络学习时,结果是失败了。

$\{0, 0, 1, \mathbf{0}\}$
$\{0, 1, 1, \mathbf{1}\}$
$\{1, 0, 1, \mathbf{1}\}$
$\{1, 1, 1, \mathbf{0}\}$

图 3 - 8   简单示例:监督学习的训练数据

如果忽略输入数据中的第三个值,即 Z 轴,则可以看到这个数据集实际上表现为 XOR 逻辑运算。因此,如果用这个数据集训练神经网络,则将得到 XOR 运算模型。

考虑一个包含三个输入节点、一个输出节点的神经网络,并且其中包含一个有四个节点的单隐藏层,如图 3 - 9 所示。采用 Sigmoid 函数作为隐藏层节点和输出层节点的激活函数。

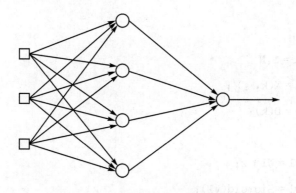

图 3 - 9   单隐藏层神经网络模型

本节采用随机梯度下降(SGD)算法来实现反向传播算法。当然也可以采用批量算法,只要像第 2.8 节中的例子那样使用权重更新值的平均值即可。由于本节的主要目标是理解反向传播算法,因此将使用这个更简单和更直观的算法——SGD 算法。

3.3.1　XOR 问题

BackpropXOR 函数使用随机梯度下降(SGD)算法实现反向传播算法,接收权重和训练数据,并返回调整后的权重,程序语句如下:

[W1　W2] = BackpropXOR(W1, W2, X, D)

其中,W1 和 W2 是分别包含对应层的权重矩阵,W1 是输入层与隐藏层之间的权重矩阵,W2 是隐藏层与输出层之间的权重矩阵;X 和 D 分别是训练数据的输入和正确输出。下面的程序段是可在 MATLAB 中运行的 BackpropXOR.m 文件,它实现了 BackpropXOR 函数。

```
function [W1, W2] = BackpropXOR(W1, W2, X, D)
    alpha = 0.9;


    N = 4;
    for k = 1:N
        x = X(k, :)';
        d = D(k);


        v1 = W1 * x;
        y1 = Sigmoid(v1);
        v = W2 * y1;
        y = Sigmoid(v);
```

```
    e = d − y;
    delta = y. ∗ (1 − y). ∗ e;


    e1 = W2' ∗ delta;
    delta1 = y1. ∗ (1 − y1). ∗ e1;


    dW1 = alpha ∗ delta1 ∗ x';
    W1 = W1 + dW1;

    dW2 = alpha ∗ delta ∗ y1';
    W2 = W2 + dW2;
  end
end
```

上段代码从训练数据集获取数据点,用增量规则计算权重更新值(dW1和 dW2),并且调整权重。到目前为止,这个过程几乎与第 2 章中的示例代码一样;只是微小的差别是,这里在计算输出时两次调用了 Sigmoid 函数,以及将输出节点的增量 delta 进行反向传播来计算增量(delta1)的和,即

```
    e1 = W2' ∗ delta;
    delta1 = y1. ∗ (1 − y1). ∗ e1;
```

利用误差方程(3.6)对 e1 进行计算。因为涉及增量的反向传播,因此这里使用矩阵转置 W2'。增量(delta1)的计算公式中有一向量乘积运算符号". ∗",这是因为公式中的变量都是向量形式。MATLAB 中的向量乘积运算符号是在正规运算符号前面加一个点号(英文句号),它对向量的每一个元素进行运算。这种运算符号使得可以对神经网络中许多节点的增量同时进行计算。

考虑到这是向量运算，因此 BackpropXOR 函数所调用的 Sigmoid 函数也将一般的除号替换为向量运算的除号"./"。Sigmoid 函数的代码如下。

```
function y = Sigmoid(x)
  y = 1 ./ (1 + exp( - x));
end
```

上面这个修改后的 Sigmoid 函数可以进行向量运算，例如：

$$\text{Sigmoid}([-1 \quad 0 \quad 1]) \rightarrow [0.268\ 9 \quad 0.500\ 0 \quad 0.731\ 1]$$

下面的程序是可在 MATLAB 中运行的 TestBackpropXOR.m 文件，用来测试 BackpropXOR 函数。下段程序调用 BackpropXOR 函数，并且训练神经网络 10 000 次。将输入传递到训练后的神经网络中，它的输出即被显示到屏幕上。将模型输出与训练数据的正确输出进行比较，即可验证训练的性能如何。因为这段程序几乎与第 2 章的一样，所以这里略去更深入的细节讨论。

```
clear all

X = [ 0 0 1;
      0 1 1;
      1 0 1;
      1 1 1;
    ];

D = [ 0
      1
```

74

```
            1
            0
          ];
```

```
W1 = 2 * rand(4, 3) - 1;
W2 = 2 * rand(1, 4) - 1;
```

```
for epoch = 1:10000                    % train
    [W1 W2] = BackpropXOR(W1, W2, X, D);
end
```

```
N = 4                                  % inference
```

```
for k = 1:N
    x = X(k, :)';
    v1 = W1 * x;
    y1 = Sigmoid(v1);
    v = W2 * y1;
    y = Sigmoid(v)
end
```

运行上面的代码,可以从屏幕上找到如下的数值:

$$\begin{bmatrix} 0.006\,0 \\ 0.988\,8 \\ 0.989\,1 \\ 0.013\,4 \end{bmatrix} \Leftrightarrow \boldsymbol{D} = \begin{bmatrix} 0 \\ 1 \\ 1 \\ 0 \end{bmatrix}$$

这些数值与正确输出 **D** 非常接近，表明神经网络得到了合适的训练。现在能够确定多层神经网络可以解决 XOR 问题，而这是单层神经网络所做不到的。

3.3.2　动量法(Momentum)

本节探讨权重调整的变化形式。截止到目前，权重的调整都依赖于方程(2.7)和方程(3.7)这些简单的形式，然而我们还能找到各种各样的权重调整形式①。在神经网络训练过程中，使用更优的权重调整公式的好处是能得到更高的稳定性和更快的速度。这些特点尤其适用于深度学习，因为深度学习更加难以训练。本节仅讨论包含动量的公式，它已经被使用很长时间了。必要的话，可以参考页下注的链接进行更深入的研究。

动量 m 是这样定义的：把它加入到增量规则中用以调整权重。动量在一定程度上是推动权重调整到一定的方向，而不是让权重立刻发生改变，其作用类似于物理学中的动量，能够阻碍物体对外力的快速反应。采用动量来调整权重的公式为

$$\left. \begin{array}{l} \Delta w = \alpha \delta x \\ m = \Delta w + \beta m^- \\ w = w + m \\ m^- = m \end{array} \right\} \tag{3.8}$$

式中，m^- 是前一个(已计算出的)动量，β 是小于 1 的正的常量。下面看看为什么用这种方式修改权重调整公式。下面的一系列公式展示了动量是怎样随时间变化的，即

$$m(0) = 0$$
$$m(1) = \Delta w(1) + \beta m(0) = \Delta w(1)$$

---

① 摘自：sebastianruder.com/optimizing-gradient-descent。

$$m(2) = \Delta w(2) + \beta m(1) =$$
$$\Delta w(2) + \beta \Delta w(1)$$
$$m(3) = \Delta w(3) + \beta m(2) =$$
$$\Delta w(3) + \beta [\Delta w(2) + \beta \Delta w(1)] =$$
$$\Delta w(3) + \beta \Delta w(2) + \beta^2 \Delta w(1)$$

$$\vdots$$

从上面的公式可以注意到,随着过程的推进,前面的权重更新值,即 $\Delta w(1)$、$\Delta w(2)$ 和 $\Delta w(3)$ 等,都被加到每一个动量上。由于 β 是小于 1 的值,因此更早出现的权重更新值将对动量产生较小的影响,这种影响随着时间的推移而逐渐减小,但较早出现的权重更新仍然保存在动量里。因此,可以说权重并不只是受到某一个权重更新值的影响。故而,学习的稳定性就得到了提升。另外,随着权重持续更新,动量变得越来越大,结果是权重更新值也变得越来越大,这样,学习的速度也得到了提升。

下段代码是可在 MATLAB 中运行的 BackpropMmt. m 文件,它采用动量法实现反向传播算法。BackpropMmt 函数与 3.3.1 小节中的例子的运算方式相同,也是输入权重和训练数据,并且输出调整后的权重。下段程序代码采用了与 BackpropXOR 函数中定义的相同的变量。

```
[W1 W2] = BackpropMmt(W1, W2, X, D)

function [W1, W2] = BackpropMmt(W1, W2, X, D)
    alpha = 0.9;
    beta = 0.9;
    mmt1 = zeros(size(W1));
    mmt2 = zeros(size(W2));
    N = 4;
    for k = 1:N
```

```
        x = X(k, :)';
        d = D(k);


        v1 = W1 * x;
        y1 = Sigmoid(v1);
        v = W2 * y1;
        y = Sigmoid(v);


        e = d - y;
        delta = y. * (1 - y). * e;


        e1 = W2' * delta;
        delta1 = y1. * (1 - y1). * e1;


        dW1 = alpha * delta1 * x';
        mmt1 = dW1 + beta * mmt1;
        W1 = W1 + mmt1;


        dW2 = alpha * delta * y1';
        mmt2 = dW2 + beta * mmt2;
        W2 = W2 + mmt2;
    end
end
```

当开始训练时,上段代码将动量 mmt1 和 mmt2 初始化为零。为了反映动量的存在,现修改权重调整公式为

```
dW1 = alpha * delta1 * x';
```

```
mmt1 = dW1 + beta * mmt1;
```

```
W1 = W1 + mmt1;
```

下段程序是 TestBackpropMmt. m 文件，用来测试 BackpropMmt 函数。该程序调用 BackpropMmt 函数，并且训练神经网络 10 000 次。将训练数据输入到神经网络中，其输出结果被显示到屏幕上。通过对比模型输出与训练数据的正确输出，即可验证训练的效果如何。因为这段程序几乎与 3.3.1 小节中的例子一样，所以不再进行更进一步的解释。

```
clear all
X = [ 0 0 1;
      0 1 1;
      1 0 1;
      1 1 1;
    ];


D = [ 0
      1
      1
      0
    ];


W1 = 2 * rand(4, 3) - 1;
W2 = 2 * rand(1, 4) - 1;


for epoch = 1:10000                    % train
```

```
  [W1 W2] = BackpropMmt(W1, W2, X, D);
end


N = 4;                                      % inference
fork = 1:N
  x = X(k, :)';
  v1 = W1 * x;
  y1 = Sigmoid(v1);
  v = W2 * y1;
  y = Sigmoid(v)
end
```

3.4 代价函数和学习规则

本节将简要地说明什么是代价函数[①],以及它是如何影响神经网络的学习规则的。代价函数是一个与优化理论有关的数学概念,但不必一定要知道它。然而,如果想更好地理解神经网络的学习规则,则最好知道它。其实代价函数并不是一个难以理解的概念。

代价函数与神经网络的监督学习有关。第 2.4 节中提到,神经网络的监督学习是一个调整权重以减小模型输出与训练数据正确输出之间误差的过程。在这个背景下,对神经网络误差的测量方法就是代价函数。神经网络的误差越大,代价函数的值也就越大。

---

① 也称为损失函数或目标函数。

对于神经网络的监督学习,有两种主要的代价函数,即

$$J = \sum_{i=1}^{M} \frac{1}{2} (d_i - y_i)^2 \qquad (3.9)$$

$$J = \sum_{i=1}^{M} \left[-d_i \ln(y_i) - (1 - d_i) \ln(1 - y_i) \right] \qquad (3.10)$$

式中,y_i 是输出节点的输出,d_i 是来自训练数据的正确输出,M 是输出节点的个数。

首先,考虑方程(3.9)中的误差平方和。这个代价函数是神经网络输出值 y 与正确输出 d 之差的平方。如果模型输出与正确输出是相同的,那么误差为零;如果相反,则这二者之差越大,将导致误差平方越大。这可用图 3-10 进行解释。

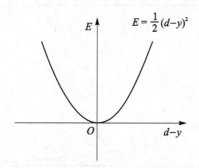

图 3-10 误差平方函数及其图像

从图 3-10 可以很清晰地注意到,代价函数值与误差是成正比的。这个关系很直观,不需要过多地说明。很多早期的神经网络研究都采用这个代价函数去推导学习规则。不但第 2 章的增量规则是由这个函数推导出来的,而且反向传播算法最初也是由这个函数推导出来的,并且回归问题依然使用了这个代价函数。

现在看一下方程(3.10),下面的公式在方程(3.10)的方括号内,叫做交叉熵函数,即

$$E = -d\ln(y) - (1 - d)\ln(1 - y)$$

从上面这个公式可能很难直观地获得交叉熵函数与误差的关系，因为此公式为了做到形式简单而被简化过了。方程（3.10）是下面两个等式的串联体，即

$$
E = \begin{cases} -\ln(y), & d = 1 \\ -\ln(1 - y), & d = 0 \end{cases}
$$

由于算法的定义就是这样，所以输出 y 应该是 0 或 1。因此在神经网络中，交叉熵代价函数常常与 Sigmoid 和 Softmax 激活函数协作使用[①]。现在来看看这个函数是如何与误差联系起来的。想一想刚才所讲的内容，代价函数应当与输出误差成正比，那么来看看下面这个函数是怎样的？

图 3-11 是 $d = 1$ 时的交叉熵函数图像。

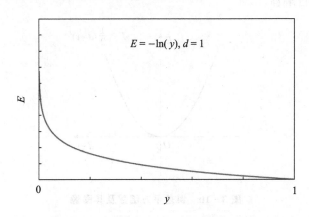

图 3-11 $d = 1$ 时的交叉熵函数及其图像

当输出 $y = 1$ 时，误差 $d - y = 0$，其代价函数值也为 0；相反地，当输出 y 趋近于 0，也即误差增加时，代价函数值也随之上升。因此，这个代价函数与误差是成正比的。

图 3-12 展示了 $d = 0$ 时的交叉熵函数图像。如果输出 y 为 0，误差为 0，则代价函数的结果也为 0；当输出趋近于 1，即误差增加时，代价函数值也随

---

① 如果采用其他类型的激活函数，那么交叉熵函数会有微小的变化。

之上升。因此,该情况下的代价函数也与误差成正比。

以上两种情况都证明了在神经网络中,方程(3.10)与输出误差是成正比的。

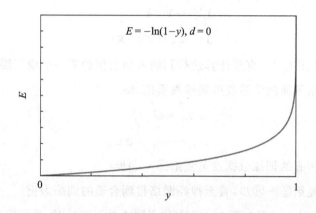

$$E = -\ln(1-y), d = 0$$

图 3 - 12 $d=0$ 时的交叉熵函数及其图像

交叉熵函数与二次函数形式的方程(3.9)的最主要的不同是,交叉熵函数随着误差的增大而呈几何上升趋势。换句话说,交叉熵函数对误差更敏感。因此,人们普遍认为由交叉熵函数推导的学习规则能产生更好的性能。除了一些特殊要求,如回归等可以不使用交叉熵驱动的学习规则,其他的情况下,推荐使用交叉熵驱动的学习规则。

前面之所以对代价函数进行了长篇大论的介绍,是因为代价函数的选择影响着学习规则,即本章中的反向传播算法的公式,具体来说,就是输出节点的增量的计算方法略有变化。下面将详细描述在输出节点上用交叉熵驱动的反向传播算法和 Sigmoid 激活函数训练神经网络的步骤:

① 用适当的值初始化神经网络的权重;

② 将训练数据〈输入,正确输出〉中的"输入"输入到神经网络中,并且获得模型输出,比较正确输出与模型输出,计算二者之间的误差向量 **E**,然后计算输出节点的增量 **δ**,即

$$E = D - Y$$

$$\boldsymbol{\delta} = \mathbf{E}$$

③ 将输出节点的增量 $\boldsymbol{\delta}$ 反向传播，然后计算下一个隐藏层（左侧）节点的增量，即

$$\mathbf{E}^{(k)} = \mathbf{W}^{\mathrm{T}} \boldsymbol{\delta}$$

$$\boldsymbol{\delta}^{(k)} = \varphi'(\mathbf{V}^{(k)}) \mathbf{E}^{(k)}$$

④ 重复第③步，直至计算进行到输入层右侧的那一个隐藏层为止；

⑤ 根据下面的学习规则调整权重值，即

$$\Delta w_{ij} = \alpha \delta_i x_j$$

$$w_{ij} \leftarrow w_{ij} + \Delta w_{ij}$$

⑥ 为所有的训练数据点重复第②～⑤步；

⑦ 重复第②～⑥步，直至神经网络得到合适的训练为止。

注意到以上过程与第 3.2 节中的不同之处了吗？对，是第②步中的增量不同，其变化是

$$\boldsymbol{\delta} = \varphi'(\mathbf{V}) \mathbf{E} \rightarrow \boldsymbol{\delta} = \mathbf{E}$$

除此之外，其余的所有步骤都一样。从形式上看，差别似乎微不足道。然而，它却包含了基于优化理论的代价函数这一核心思想。大多数深度学习的神经网络训练算法都采用由交叉熵驱动的学习规则，这是因为这类学习规则有着卓越的学习速度和性能。

图 3-13 描述了至此本节所讲述的内容。关键是当学习规则是基于交叉熵和 Sigmoid 函数时，输出层和隐藏层会采用不同的增量计算公式。

既然已经学到了这里，那么就再多讨论一些关于代价函数的内容。在第 1 章了解到过拟合是每一种机器学习技术所面临的一个挑战性的问题，并且也看到了其中一个克服过拟合的重要方法是采用正则化将模型变得尽可能简单。在数学意义上，正则化的精华在于它将权重之和引入到如下代价函数中，即

$$J = \frac{1}{2} \sum_{i=1}^{M} (d_i - y_i)^2 + \lambda \frac{1}{2} \| w \|^2$$

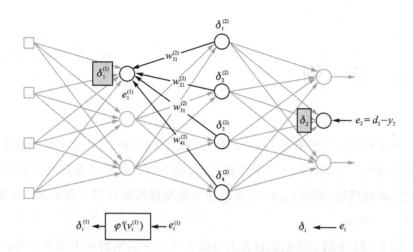

$$\delta_i^{(1)} \longleftarrow \boxed{\varphi'(v_i^{(1)})} \longleftarrow e_i^{(1)} \qquad\qquad \delta_i \longleftarrow e_i$$

图 3 - 13　多层神经网络中隐藏层和输出层节点的增量计算方法

$$J = \sum_{i=1}^{M} \left[-d_i \ln(y_i) - (1 - d_i)\ln(1 - y_i) \right] + \lambda \frac{1}{2} \parallel w \parallel^2$$

式中,λ 是一个系数,它决定了多少比例的权重被反映在代价函数中。当然,应用上面的新型代价函数就引出了另外一个不同的学习规则公式。

当一个输出误差和权重保持较大时,代价函数将保持一个很大的值。因此,仅仅努力把输出误差变为零也不足以减小代价函数的值。为了减小代价函数的值,应当控制误差和权重都尽可能地小。然而,如果一个权重变得足够小,那么相关的节点实际上将被断开连接,结果就是不必要的连接被消除,神经网络因此也就变得更加简单。为此,通过将权重之和引入代价函数中,可以改善神经网络的过拟合程度,如此就能减少过拟合。

总之,神经网络在监督学习中的学习规则是通过代价函数推导出来的。依据所采用的代价函数的不同,学习规则和神经网络的性能也不同。最近,交叉熵函数因其对代价函数的作用而备受关注。对于处理过拟合的正则化方法,这里是用一种代价函数的变化形式来实现的。

3.5 示 例

本节将重新回顾第 3.3 节中的例子，但这次使用的是由交叉熵函数推导的学习规则。考虑含有三个节点输入层、单个节点输出层和四个节点单隐藏层的神经网络，采用 Sigmoid 函数作为隐藏层和输出层节点的激活函数，如图 3-9 所示。

图 3-14 中的训练数据包含了与第 3.3 节中相同的四个元素。当忽略输入数据的第三个数值时，训练数据集表现为一个 XOR 逻辑运算，最右侧的粗体数字是正确输出。

$\{0, 0, 1, \mathbf{0}\}$
$\{0, 1, 1, \mathbf{1}\}$
$\{1, 0, 1, \mathbf{1}\}$
$\{1, 1, 1, \mathbf{0}\}$

图 3-14　简单示例：XOR 问题的训练数据

3.5.1 交叉熵函数

BackpropCE 函数采用交叉熵函数来训练 XOR 数据。BackpropCE 函数把初始权重和 XOR 数据输入到神经网络模型中，通过训练，可以得到更为合适的权重，程序语句如下：

[W1　W2] = BackpropCE(W1, W2, X, D)

其中，W1 和 W2 分别为输入层—隐藏层、隐藏层—输出层的权重矩阵，X 和

D 分别为输入矩阵和正确输出的矩阵。下面的代码是 BackpropCE. m 文件，它实现了 BackpropCE 函数。

```
function [W1, W2] = BackpropCE(W1, W2, X, D)
    alpha = 0.9;

    N = 4;
    for k = 1:N
        x = X(k, :)';          % x = a column vector
        d = D(k);

        v1 = W1 * x;
        y1 = Sigmoid(v1);
        v = W2 * y1;
        y = Sigmoid(v);

        e = d - y;
        delta = e;

        e1 = W2' * delta;
        delta1 = y1. * (1 - y1). * e1;

        dW1 = alpha * delta1 * x';
        W1 = W1 + dW1;

        dW2 = alpha * delta * y1';
```

```
        W2 = W2 + dW2;

    end

end
```

上段代码提取了训练数据，然后用增量规则计算权重更新值（dW1 和 dW2），并利用这些值调整神经网络的权重。到目前为止，这个过程几乎与第 3.3 节一样。但是，当计算输出节点的增量时，差别就显现了，即

```
e = d - y;

delta = e;
```

与第 3.3 节中的示例代码不同，这里不再出现 Sigmoid 函数的导数。因为对于交叉熵函数的学习规则来说，如果输出节点的激活函数是 Sigmoid 函数，那么增量 delta 就等于输出误差。当然，隐藏层节点参数的计算依然与前面的反向传播算法所用的计算方法一样，即

```
e1 = W2' * delta;

delta1 = y1. * (1 - y1). * e1;
```

下面的代码是 TestBackpropCE.m 文件，用来测试 BackpropCE 函数。下段代码调用 BackpropCE 函数，并训练神经网络 10 000 次。训练后的神经网络根据训练数据产生输出值，并将结果显示在屏幕上。可以通过比较模型输出与正确输出来验证神经网络是否得到了适当的训练。因为这段代码几乎与第 3.3 节中的一样，所以这里略去更进一步的解释。

```
clear all

X = [ 0 0 1;
    0 1 1;
    1 0 1;
```

```
    1 1 1;
  ];


D = [ 0
      1
      1
      0
  ];


W1 = 2 * rand(4, 3) - 1;
W2 = 2 * rand(1, 4) - 1;

for epoch = 1:10000                      % train
    [W1 W2] = BackpropCE(W1, W2, X, D);
end


N = 4;                                   % inference
for k = 1:N
    x = X(k, :)';
    v1 = W1 * x;
    y1 = Sigmoid(v1);
    v = W2 * y1;
    y = Sigmoid(v)
end
```

执行上段代码将产生如下显示的数值：

$$
\begin{bmatrix} 0.000\ 03 \\ 0.999\ 9 \\ 0.999\ 8 \\ 0.000\ 36 \end{bmatrix} \quad \Leftrightarrow \quad \mathbf{D} = \begin{bmatrix} 0 \\ 1 \\ 1 \\ 0 \end{bmatrix}
$$

可以看到,模型输出与正确输出 $\mathbf{D}$ 非常接近,这证明已经成功地训练了该神经网络。

3.5.2 代价函数的比较

第 3.5.1 小节中的 BackpropCE 函数与第 3.3.1 小节中的 Backprop-XOR 函数之间的唯一差别是输出节点的增量的计算方法不同。下面将检查这个不明显的差别是如何影响学习性能的。下面的代码是 CEvsSSE. m 文件,用它来比较这两个函数的平均误差。下段代码的架构与第 2.8.3 小节的几乎一模一样。

```
clear all

X = [ 0 0 1;
      0 1 1;
      1 0 1;
      1 1 1;
    ];

D = [ 0
      0
      1
```

```
    1
  ];


E1 = zeros(1000, 1);
E2 = zeros(1000, 1);


W11 = 2 * rand(4, 3) - 1;          % cross entropy
W12 = 2 * rand(1, 4) - 1;          %
W21 = W11;                         % sum of squared error
W22 = W12;                         %


for epoch = 1:1000
    [W11 W12] = BackpropCE(W11, W12, X, D);
    [W21 W22] = BackpropXOR(W21, W22, X, D);

    es1 = 0;
    es2 = 0;


    N = 4;
    for k = 1:N
        x = X(k, :)';
        d = D(k);

        v1 = W11 * x;
        y1 = Sigmoid(v1);
        v = W12 * y1;
```

```
        y = Sigmoid(v);
        es1 = es1 + (d - y)^2;


        v1 = W21 * x;
        y1 = Sigmoid(v1);
        v = W22 * y1;
        y = Sigmoid(v);
        es2 = es2 + (d - y)^2;
    end


    E1(epoch) = es1 / N;
    E2(epoch) = es2 / N;
end

plot(E1,'r')
hold on
plot(E2, 'b:')
xlabel('Epoch')
ylabel('Average of Training error')
legend('Cross Entropy', 'Sum of Squared Error')
```

上段程序调用了 BackpropCE 和 BackpropXOR 函数，每个函数都分别训练神经网络 1 000 次。程序中计算了每个神经网络在每一轮训练中的输出误差平方和（es1 和 es2）及其平均值（E1 和 E2）。程序中的 W11、W12、W21、W22 分别是每个神经网络的权重矩阵。一旦完成 1 000 次的训练，屏幕上就会显示两个函数的误差平均值随训练轮数的变化曲线。如图 3 - 15

所示,由交叉熵驱动的训练降低误差的速度更快,换句话说,由交叉熵驱动的学习规则产生了一个更快的学习过程。这就是深度学习的大多数代价函数都采用交叉熵函数的原因。

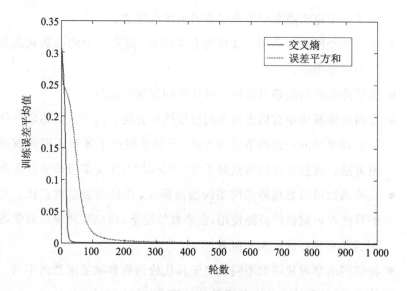

图 3 - 15　训练误差平均值随训练轮数的变化趋势

至此完成了反向传播算法内容的介绍。如果觉得学起来比较吃力,请不要泄气。实际上,当学习和开发深度学习模型时,理解反向传播算法并不是一个必要条件,因为现在大多数深度学习库都已包含这个算法,大家可以直接使用。

3.6　总　结

● 多层神经网络无法通过增量规则进行训练,而应该采用反向传播算法进行训练,该算法也是深度学习的学习规则。

- 反向传播算法将隐藏层的误差定义为：将输出层的输出误差进行反向传播就能计算出隐藏层的误差。一旦获得隐藏层的误差，就可以采用增量规则调整每一层的权重。反向传播算法的重要性在于它提供了一个定义隐藏层节点误差的系统性方法。

- 单层神经网络仅适用于线性可分类问题，而实际中的多数问题是线性不可分类的。

- 多层神经网络能够对线性不可分类问题进行建模。

- 反向传播算法中有很多类型的权重调整方法。由于人们追求一种更稳定和更快的神经网络学习方法，于是发展出了各种不同的权重调整方法。这些方法的特点对于"很难学习"的深度学习非常有帮助。

- 代价函数可以处理神经网络的输出误差，并且与误差成正比。交叉熵算法在近期被广泛地使用，在多数情况下，由交叉熵驱动的学习规则因其有更好的性能而出名。

- 神经网络学习规则的不同取决于其代价函数和激活函数的不同。具体来说，就是输出节点的增量的计算方法略有变化。

- 正则化是克服过拟合的一个方法，它也可以作为一个权重项加入到代价函数中。

打起精神来，第 4 章将进一步讲解深度学习！

第 4 章
神经网络及其分类

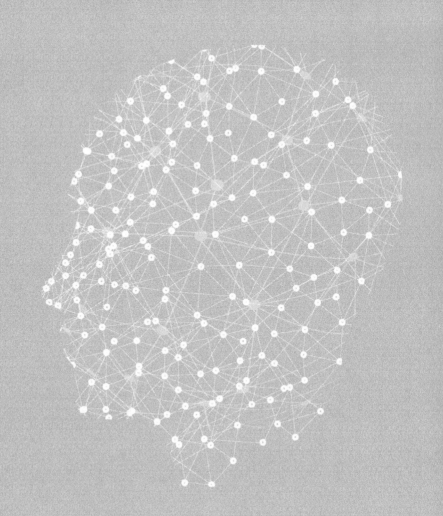

4.1 概　述

如第 1.7 节所提到的,需要用到监督学习的主要应用是分类和回归。分类被用来确定数据所归属的类别,垃圾邮件过滤和文字识别等是一些具有代表性的分类问题。相反,回归被用来从给定数据中预测未知值,比如给定一个人的年龄和教育水平,预测其收入。

尽管神经网络适用于分类和回归,但是人们很少用它来做回归,这并不是因为它做回归的性能不好,而是多数回归问题使用简单的模型都能解决,因此在本书中一直使用分类算法。

在将神经网络应用到分类问题时,输出层的结构通常取决于数据被分为多少类。当需要分为更多的类时,它与分成两类时所选择的节点个数和激活函数是不同的。记住:所分的类数只影响输出层节点的个数,而不影响隐藏层节点的个数。当然,本章所介绍的方法并不是唯一的方法;然而,它们可能是最好的入门方法,因为它们已经得到了许多研究和案例的证明。

第 4.2 节将介绍二分类,该方法将数据分为两个类,输出节点被设置为适合做二分类的形式;该节还将讨论这些节点的学习规则。第 4.3 节将介绍多分类神经网络,并将数据分为三类或多类;该节也将介绍输出节点的设置方法和 Softmax 函数,并探讨那些有效的学习规则。第 4.4 节将提供几个多分类神经网络的实际案例。第 4.5 节是本章总结。

4.2 二分类

本节从二分类神经网络开始讲起，它将输入数据分为两类。这种分类方法的用途实际上比人们预期的还要多，例如一些典型的应用包括垃圾邮件过滤（垃圾邮件和正常邮件）和借贷核准（批准或拒绝）等。

对于二分类问题，设置一个输出节点就足够了，这是因为可以用输出值将输入数据进行分类，输出值要么大于、要么小于某一个阈值。例如，如果采用 Sigmoid 函数作为输出层节点的激活函数，那么可以依据输出值是否大于 0.5 来对数据进行分类。因为 Sigmoid 函数在 0～1 范围内，所以可以用中间值进行分类。一个简单的二分类示例如图 4 - 1 所示。

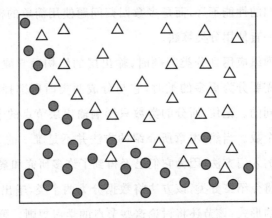

图 4 - 1 简单示例：二分类数据点

考虑图 4 - 1 中的二分类问题。对于给定的坐标 (x, y)，下面将使用该二分类模型来确定数据所归属的类别。本例中，给定的训练数据格式如图 4 - 2 所示。前面两个数字分别表示 x 和 y 的坐标，后面的符号代表数据的类别。由于要使用该数据进行监督学习，所以它包含了输入和正确输出。

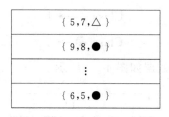

图 4 - 2　简单示例:二分类监督学习的训练数据

　　现在来构建一个神经网络。输入节点的个数要等于输入参数的个数。因为本例的输入包含两个参数,所以该神经网络就采用两个输入节点。如前所述,因为它是用二分类实现的,所以只需要一个输出节点。另外,将采用 Sigmoid 函数作为激活函数,以及包含四个节点的单隐藏层[①]。图 4 - 3 展示了该神经网络。

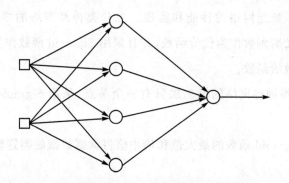

图 4 - 3　简单示例:用于二分类的单隐藏层神经网络

　　当使用给定的训练数据训练该神经网络时,能够得到想要的两个分类。然而,问题是该神经网络的输出是 0～1 之间的数值,而给定的正确输出是符号形式的"△"和"●",这样的话无法计算误差,需要把符号转换为数值。下面用 Sigmoid 函数的最大值和最小值分别表示这两个类别,即

---

①　此处的隐藏层并不是这里所关心的内容。输出层而非隐藏层的结构取决于分类的个数,并且当前并没有一个隐藏层结构的标准。

$$\text{Class } \triangle \rightarrow 1$$
$$\text{Class } \bullet \rightarrow 0$$

改变类别符号后的训练数据如图 4-4 所示。

{ 5,7,**1** }
{ 9,8,**0** }
$\vdots$
{ 6,5,**0** }

图 4-4　简单示例：将图形类别转换为数字后的训练数据

图 4-4 就是用来训练神经网络的训练数据。二分类神经网络常常采用方程(3.10)的交叉熵函数。其实大家不必一直这样做,但是需要明白交叉熵函数有利于神经网络的性能和实现。二分类神经网络的学习步骤如下,其中采用交叉熵函数作为代价函数,并且采用 Sigmoid 函数作为隐藏层和输出层节点的激活函数：

① 二分类神经网络的输出层只有一个节点,采用 Sigmoid 函数作为激活函数。

② 用 Sigmoid 函数的最大值和最小值将训练数据的类别转换为数值形式,即

$$\text{Class } \triangle \rightarrow 1$$
$$\text{Class } \bullet \rightarrow 0$$

③ 用适当的值初始化神经网络的权重。

④ 将训练数据{输入,正确输出}中的"输入"输入到神经网络中,并且获得模型输出。比较正确输出与模型输出,计算二者之间的误差向量 **E**,然后计算输出节点的增量 **δ**,即

$$E = D - Y$$
$$\delta = E$$

⑤ 将输出层节点的增量进行反向传播,以便计算下一个隐藏层(左侧)节点的增量,即

$$\mathbf{E}^{(k)} = \mathbf{W}^{\mathrm{T}} \boldsymbol{\delta}$$

$$\boldsymbol{\delta}^{(k)} = \varphi'(\mathbf{V}^{(k)}) \mathbf{E}^{(k)}$$

⑥ 重复第⑤步,直至计算到输入层右侧的那一个隐藏层为止。

⑦ 根据下式的学习规则调整权重值,即

$$\Delta w_{ij} = \alpha \delta_i x_j$$

$$w_{ij} \leftarrow w_{ij} + \Delta w_{ij}$$

⑧ 将所有的训练数据点重复第④~⑦步。

⑨ 重复第④~⑧步,直至神经网络得到合适的训练为止。

虽然以上步骤较多,看起来过程也比较复杂,但是它基本上与第 3.4 节中的反向传播过程是一样的,所以在此忽略详细的解释。

4.3 多分类

本节将介绍如何利用神经网络去解决三分类或者多分类问题。假设需要将给定的坐标(x,y)分类为三个坐标类别中的一个类别,如图 4-5 所示。

首先需要建立一个神经网络。因为输入数据包含两个参数,所以就用两个节点作为输入层。为了简单起见,本次不考虑隐藏层。现在需要确定输出节点的个数。众所周知,将输出节点的个数与类别个数相匹配是最有效的方法。在本例中,因为需要分为三个类别,所以就取三个输出节点。图 4-6 为所建立的神经网络。

一旦用给定的训练数据完成了该神经网络的训练,就会得到想要的那个多类别分类器。给定的训练数据如图 4-7 所示。对于每个数据点,前两

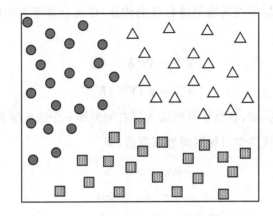

图 4 - 5　简单示例:多分类数据点

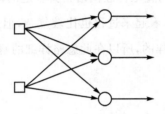

图 4 - 6　简单示例:用于多类的无隐藏层神经网络

个数值分别是坐标值 x 和 y。第三个值是相应的类别。由于要使用该数据进行监督学习,所以它包含了输入和正确输出。

{ 5,7,Class 1 }
{ 9,8,Class 3 }
{ 2,4,Class 2 }
⋮
{ 6,5,Class 3 }

图 4 - 7　简单示例:多分类监督学习的训练数据

　　如 4.2 节那样,为了计算误差,将类别名称转换为数值代码。考虑到有

三个输出节点,因此就按如下向量创建类别:

$$Class\ 1 \rightarrow [1\ 0\ 0]$$

$$Class\ 2 \rightarrow [0\ 1\ 0]$$

$$Class\ 3 \rightarrow [0\ 0\ 1]$$

这个转换表明每个输出节点都被映射成一个类别向量,而且只在相应的节点上生成"1"。例如,如果一个数据属于 Class 2,那么输出向量中的第二个点为 1,其余都为 0,如图 4 - 8 所示。

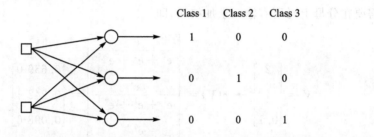

图 4 - 8   简单示例:多分类神经网络中,将类别转换为向量形式

这个表达技术称为"one-hot 编码(独热编码)"或者"1-of-N 编码"。这里将输出节点的个数与类别个数相匹配的原因就是准备利用这个编码技术。

现在,训练数据呈现为如图 4 - 9 所示的格式。

{ 5,7,**1**,0,0 }
{ 9,8,0,0,**1** }
{ 2,4,0,**1**,0 }
⋮
{ 6,5,0,0,**1** }

图 4 - 9   简单示例:将类别转换为向量形式后的训练数据

下面需要定义输出节点的激活函数。由于格式转换后的训练数据的正确输出介于 0~1 之间,那么还能直接用二分类模型中的 Sigmoid 函数吗?
答案是不能。一般而言,多分类器大多采用 Softmax 函数作为输出节点的
激活函数。

在截止目前已讨论过的激活函数中,包括 Sigmoid 函数,都只考虑了输
入的加权和,而并未考虑其他输出节点的输出值。但是,Softmax 函数不但
考虑了输入的加权和,还考虑了其他输出节点的输出值。例如,当三个输出
节点接收的加权和分别为 2、1 和 0.1 时,Softmax 函数按下式计算输出,并
需要在分母上对所有输入求加权和,即

$$\mathbf{V} = \begin{bmatrix} 2 \\ 1 \\ 0.1 \end{bmatrix} \rightarrow \varphi(\mathbf{V}) = \begin{bmatrix} \dfrac{e^2}{e^2 + e^1 + e^{0.1}} \\ \dfrac{e^1}{e^2 + e^1 + e^{0.1}} \\ \dfrac{e^{0.1}}{e^2 + e^1 + e^{0.1}} \end{bmatrix} = \begin{bmatrix} 0.659\ 0 \\ 0.242\ 4 \\ 0.098\ 6 \end{bmatrix}$$

那么为什么一定要坚持用 Softmax 函数呢? 下面来考虑用 Sigmoid 函
数代替 Softmax 函数。在给定如图 4-9 所示的输入数据时,假设神经网络
产生了如下输出:

$$\begin{bmatrix} 1 \\ 1 \\ 1 \end{bmatrix}$$

这是因为 Sigmoid 函数只关注单个节点的输出。

第一个输出节点以 100 % 的概率分类为 Class 1,那么该数据真的属于
Class 1 吗? 不要那么快下结论。可以看到,其他两个节点也分别以 100 %
的概率分类为 Class 2 和 Class 3。因此,当需要对来自多分类神经网络的输
出进行恰当的解释时,需要考虑其他节点输出的相对大小。在本例中,该数
据属于各个类别的实际概率都为 $\dfrac{1}{3}$,这样,Softmax 函数就给出了正确的值。

Softmax 函数保持输出值之和为 1,并且将单个输出值的范围限制在 0~1 之间。因为 Softmax 函数考虑所有输出值的相对大小,所以它是所有多分类神经网络的合适选择。使用 Softmax 函数计算第 i 个输出节点的输出值为

$$y_i = \varphi(v_i) = \frac{e^{v_i}}{e^{v_1} + e^{v_2} + e^{v_3} + \cdots + e^{v_M}} = \frac{e^{v_i}}{\sum\limits_{k=1}^{M} e^{v_k}}$$

式中,v_i 是第 i 个输出节点的加权和,M 是输出节点的个数。依据上面的定义,Softmax 函数满足条件

$$\varphi(v_1) + \varphi(v_2) + \varphi(v_3) + \cdots + \varphi(v_M) = 1$$

最后,需要确定学习规则。与二分类神经网络一样,多分类神经网络通常也采用交叉熵驱动的学习规则,这可以归因于交叉熵函数带来的高性能和简便性。

长话短说,多分类神经网络的学习规则与二分类神经网络的一样。虽然二分类使用 Sigmoid 函数,多分类使用 Softmax 函数,二者使用了不同的激活函数,但学习规则的求导结果却是一样的。

好了,需要记的东西越少越好啊!

多分类神经网络的学习过程如下:

① 使用与类别个数一样的输出节点数量,使用 Softmax 函数作为激活函数。

② 通过 one-hot 编码方法将类别名称转换为数值向量,即

$$\text{Class 1} \rightarrow [1\ 0\ 0]$$
$$\text{Class 2} \rightarrow [0\ 1\ 0]$$
$$\text{Class 3} \rightarrow [0\ 0\ 1]$$

③ 用适当的值初始化神经网络的权重。

④ 将训练数据⟨输入,正确输出⟩中的"输入"输入到神经网络中,并且获得模型输出。计算正确输出与模型输出之间的误差向量 E,并确定输出节点

的增量 $\boldsymbol{\delta}$, 即

$$\boldsymbol{E} = \boldsymbol{D} - \boldsymbol{Y}$$

$$\boldsymbol{\delta} = \boldsymbol{E}$$

⑤ 将输出层节点的增量进行反向传播, 以便计算下一个隐藏层 (左侧) 节点的增量, 即

$$\boldsymbol{E}^{(k)} = \boldsymbol{W}^{\mathrm{T}} \boldsymbol{\delta}$$

$$\boldsymbol{\delta}^{(k)} = \varphi' (\boldsymbol{V}^{(k)}) \boldsymbol{E}^{(k)}$$

⑥ 重复第⑤步, 直至计算到输入层右侧的那一个隐藏层为止。

⑦ 根据下式的学习规则调整权重, 即

$$\Delta w_{ij} = \alpha \delta_i x_j$$

$$w_{ij} \leftarrow w_{ij} + \Delta w_{ij}$$

⑧ 将所有的训练数据点重复第④~⑦步。

⑨ 重复第④~⑧步, 直至神经网络得到合适的训练为止。

当然, 多分类神经网络也适用于二分类, 此时只要构建含有两个输出节点的神经网络, 并采用 Softmax 函数作为激活函数即可。

4.4　示例：多分类

本节将实现一个可以从图像中识别数字的多分类器。在第 3 章中已实现过一个二分类器, 当时是将输入坐标分为两类, 因为是将数据分为 0 或 1, 故而属于二分类。

现在来看一个数字图像识别问题。由于是将图像分类为特定的数字, 因此属于多分类问题。如图 4-10 所示, 每个输入图像是 5×5 的像素块, 显示为 1~5 这 5 个数字。

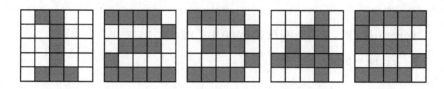

图 4 - 10　简单数字图像识别:输入图像

如图 4 - 11 所示,该神经网络模型含有一个单隐藏层。由于每个图像被设置为 5×5 的矩阵,故取 25 个输入节点。另外,由于需要判别这 5 个数字,故取 5 个输出节点,并采用 Softmax 函数作为激活函数。隐藏层取 50 个节点,其激活函数为 Sigmoid 函数。

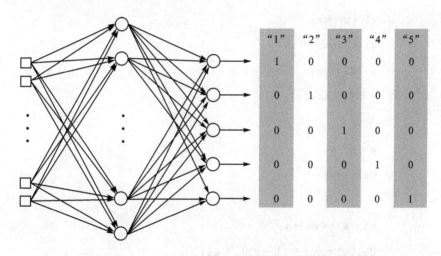

图 4 - 11　单隐藏层神经网络模型及向量形式的类别

MultiClass 函数使用随机梯度下降(SGD)算法实现多分类器的学习规则,它接收权重和训练数据,并返回训练过的权重,程序代码如下:

[W1, W2] = MultiClass(W1, W2, X, D)

其中,W1 和 W2 分别为输入层—隐藏层、隐藏层—输出层的权重矩阵,X 和 D 分别为输入矩阵和正确输出矩阵。下面的代码是 MultiClass.m 文件,它实现了 MultiClass 函数。

```matlab
function [W1, W2] = MultiClass(W1, W2, X, D)
    alpha = 0.9;


    N = 5;
    for k = 1:N
        x = reshape(X(:, :, k), 25, 1);
        d = D(k, :)';

        v1 = W1 * x;
        y1 = Sigmoid(v1);
        v = W2 * y1;
        y = Softmax(v);

        e = d - y;
        delta = e;

        e1 = W2' * delta;
        delta1 = y1. * (1 - y1). * e1;

        dW1 = alpha * delta1 * x';
        W1 = W1 + dW1;

        dW2 = alpha * delta * y1';
        W2 = W2 + dW2;
    end
```

```
end
```

上段代码与第 3.5.1 小节中的示例代码的实现过程相同：将增量规则应用于训练数据，计算权重更新值 dW1 和 dW2，调整神经网络的权重。然而，有一个极小的差别是：上段代码使用 Softmax 函数计算输出，并且调用 reshape 函数以便从训练数据中导入想要的输入值形式，代码是

```
x = reshape(X(:, :, k), 25, 1);
```

其中，自变量 X 包含了堆叠的二维图像数据，这意味着 X 是一个 $5\times5\times5$ 的三维矩阵。因此，reshape 函数中的第一个自变量 X(:,:,k) 表示第 k 个图像的 5×5 矩阵。由于该神经网络仅适合于向量格式的输入，所以需要将二维图像矩阵转换为 25×1 的向量，在 MATLAB 中，reshape 函数可以完成这种转换。

该神经网络采用交叉熵驱动的学习规则，输出节点的增量 delta 计算如下：

```
e = d - y;
delta = e;
```

与第 3.5.1 小节类似，这里不再需要其他的计算。因为在交叉熵驱动的学习规则中，增量 delta 与误差 e 是相同的。当然，也可以将前面的反向传播算法应用于隐藏层中，代码是

```
e1 = W2' * delta;
delta1 = y1. * (1 - y1). * e1;
```

下面的代码是 Softmax.m 文件，它实现了 MultiClass 函数所需要调用的 Softmax 函数。该代码正确地表达了 Softmax 函数的定义，内容很简单，因此不再做进一步的解释。

```
functiony = Softmax(x)
```

```
    ex = exp(x);
    y = ex / sum(ex);
end
```

下面的代码是 TestMultiClass.m 文件,用来测试 MultiClass 函数。该程序调用 MultiClass 函数并训练神经网络 10 000 次。一旦完成训练,程序就会将训练数据输入神经网络,并显示模型输出。通过比较模型输出与训练数据的正确输出,可以检验训练的效果。

```
clear all
rng(3);
X = zeros(5, 5, 5);
X(:, :, 1) = [ 0 1 1 0 0;
              0 0 1 0 0;
              0 0 1 0 0;
              0 0 1 0 0;
              0 1 1 1 0
            ];

X(:, :, 2) = [ 1 1 1 1 0;
              0 0 0 0 1;
              0 1 1 1 0;
              1 0 0 0 0;
              1 1 1 1 1
            ];
```

```
X(:, :, 3) = [ 1 1 1 1 0;
              0 0 0 0 1;
              0 1 1 1 0;
              0 0 0 0 1;
              1 1 1 1 0
            ];


X(:, :, 4) = [ 0 0 0 1 0;
              0 0 1 1 0;
              0 1 0 1 0;
              1 1 1 1 1;
              0 0 0 1 0
            ];


X(:, :, 5) = [ 1 1 1 1 1;
              1 0 0 0 0;
              1 1 1 1 0;
              0 0 0 0 1;
              1 1 1 1 0
            ];
D = [ 1 0 0 0 0;
      0 1 0 0 0;
      0 0 1 0 0;
      0 0 0 1 0;
      0 0 0 0 1
    ];
```

```
W1 = 2 * rand(50, 25) - 1;
W2 = 2 * rand(5, 50) - 1;


for epoch = 1:10000              % train
    [W1 W2] = MultiClass(W1, W2, X, D);
end


N = 5;                           % inference
for k = 1:N
    x = reshape(X(:, :, k), 25, 1);
    v1 = W1 * x;
    y1 = Sigmoid(v1);
    v = W2 * y1;
    y = Softmax(v)
end
```

上段代码中的输入数据 X 是一个二维矩阵，它将白色像素编码为 0，将黑色像素编码为 1。例如，数字"1"的图像编码如图 4 - 12 所示。

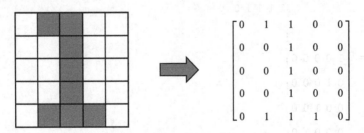

图 4 - 12   数字图像"1"的矩阵编码形式

相反，变量 D 包含了正确输出。例如，第一个输入图像"1"的正确输出位于变量 D 的第一行，其中 D 是由 1～5 这 5 个数字用 one-hot 编码方法建立的。运行 TestMultiClass. m 文件后,可以从模型输出与正确输出 D 之间差别的角度来判断神经网络是否得到了恰当的训练。

到目前为止,仅仅使用了训练数据去验证神经网络。然而,实际的数据并不一定能够反映训练数据。如前所述,这一事实是机器学习自身需要解决的根本性问题。现在用一个简单的试验检查这个神经网络。考虑如图 4 – 13 所示的一些轻微变化的图像,看看该神经网络将如何回应这些变化。

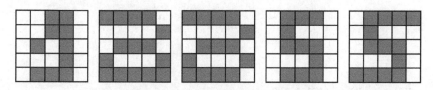

图 4 – 13 轻微变动的输入图像

下段程序是 RealMultiClass. m 文件,用来对图 4 – 13 中的图片进行分类。它首先调用 TestMultiClass 函数,然后训练该神经网络。该过程会生成权重矩阵 W1 和 W2。

```
clear all

TestMultiClass;                 % W1, W2

X = zeros(5, 5, 5);

X(:, :, 1) = [ 0 0 1 1 0;
               0 0 1 1 0;
               0 1 0 1 0;
               0 0 0 1 0;
               0 1 1 1 0
```

```
                ];

X(:, :, 2) = [ 1 1 1 1 0;
               0 0 0 0 1;
               0 1 1 1 0;
               1 0 0 0 1;
               1 1 1 1 1
             ];

X(:, :, 3) = [ 1 1 1 1 0;
               0 0 0 0 1;
               0 1 1 1 0;
               1 0 0 0 1;
               1 1 1 1 0
             ];

X(:, :, 4) = [ 0 1 1 1 0;
               0 1 0 0 0;
               0 1 1 1 0;
               0 0 0 1 0;
               0 1 1 1 0
             ];

X(:, :, 5) = [ 0 1 1 1 1;
               0 1 0 0 0;
               0 1 1 1 0;
```

```
        0 0 0 1 0;
        1 1 1 1 0
      ];


N = 5;                        % inference
for k = 1:N
  x = reshape(X(:, :, k), 25, 1);
  v1 = W1 * x;
  y1 = Sigmoid(v1);
  v = W2 * y1;
  y = Softmax(v)
end
```

上段代码除了输入数据 X 不同,且不包含训练过程外,其余的代码与
TestMultiClass. m 文件中的一样。运行这段代码后将输出图 4 - 13 中 5 个
轻微变化图片的分类结果。下面逐个进行分析。

对于第一张图,神经网络以 96.66 % 的概率将它判定为"4"。比较
图 4 - 14 中的左边和右边的图,它们分别是输入图像和神经网络判断的结
果。输入图像确实包含了数字"4"的一些重要特征。尽管它看起来像是
"1",但结果却与"4"更为接近。这个分类结果看起来挺合理。

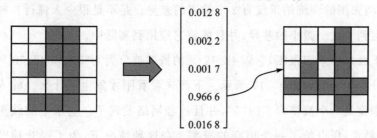

图 4 - 14 轻微变动的数字图像"1"的分类结果

第二张图以 99.36 ％的概率被分类为"2"。当对比图 4 - 15 中的输入图像和训练数据"2"后,该分类结果看起来也合理,它们只有一个像素的差别。

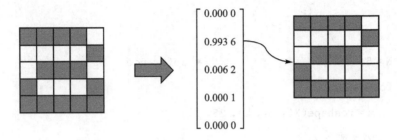

图 4 - 15   轻微变动的数字图像"2"的分类结果

第三张图以 97.62 ％的概率被分类为"3"。比较图 4 - 16 中的左、右两张图,可以发现该结果也很合理。

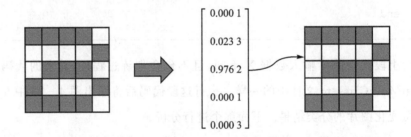

图 4 - 16   轻微变动的数字图像"3"的分类结果

然而,对比第二张和第三张输入图像后发现,它们只有一个像素有差别。但这个微小的差别导致了两个完全不同的结果。可能大家没有注意到,这两张图的训练结果仅有 2 个像素的差异。是不是很令人惊讶? 神经网络捕捉到了这个微小的差异,并且能将它应用到实际中。

下面来看第四张图,它以 47.12 ％的概率被分类为"5",以 32.08 ％的概率被分类为"3",如图 4 - 17 所示。下面来看看刚才发生了什么。输入图像看起来像是一个被挤扁了的"5",并且神经网络发现了一些水平的线更像是"3"的特征,所以给了一个很高的概率。在这种情况下,为了提升神经网络的性能,应该让神经网络在更多的训练数据中训练。

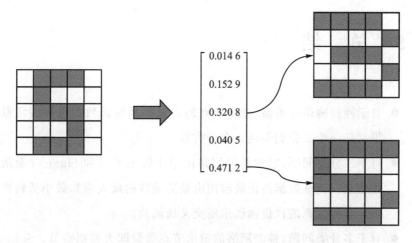

图 4-17　轻微压缩的数字图像"5"的分类结果

最后,第五张图以 98.18 %的概率被分类为"5",如图 4-18 所示。当看到输入图像时,就会发现这个结果是毫无疑问的。然而这个图像与第四张几乎一模一样,它只在顶端和底部多了两个像素而已,而仅仅延伸了水平线条就使得分类为"5"的概率发生了戏剧性的提升。第四张图中的"5"在水平方向的特征并不明显,而通过加强这个特征,才使第五张图被正确地分类为"5"。

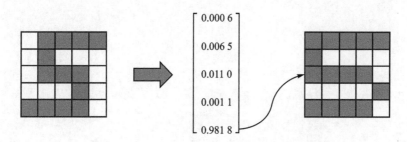

图 4-18　轻微拉伸的数字图像"5"的分类结果

4.5 总 结

- 对于神经网络分类器，输出节点的数量和激活函数的选择通常取决于它是一个二分类器还是多分类器。

- 对于二分类问题，它的神经网络由单个输出节点和 Sigmoid 激活函数建立。训练数据的正确输出由激活函数的最大值和最小值转换而来。学习规则的代价函数采用交叉熵函数。

- 对于多分类问题，神经网络的输出节点数量即为类别数量。Softmax 函数为输出节点的激活函数，用 one-hot 编码方法将正确输出转换为向量，并采用交叉熵函数作为学习规则的代价函数。

第 5 章
深度学习

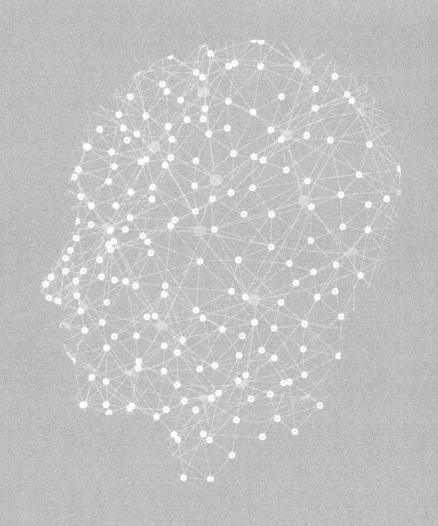

5.1 概　述

现在到了进行深度学习的时刻！大家不必紧张。因为深度学习仍然是神经网络的一种扩展，在此之前所讲的内容依然适用，所以不需要再学习很多新的概念。

深度学习的一个简短的定义是：深度学习是一种利用深度神经网络框架的机器学习技术。应该知道，深度神经网络是一种包含两层以上隐藏层的多层神经网络。虽然听起来很简单，但却是深度学习的本质。图 5-1 展示了深度学习的概念及其与机器学习的关系。

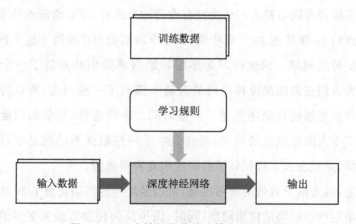

图 5-1　深度神经网络的建模和预测流程

深度神经网络是机器学习的最终结果，学习规则是从数据中生成模型的算法。

现在既然知道了深度学习就是有更多隐藏层的神经网络，那么大家可能会问"什么使得深度学习这么有吸引力？是否曾经有人想过构建更深层的神经网络呢？"为了回答这些问题，需要先了解神经网络的发展历史。

在机器学习解决它面对的实际问题的过程中，人们很快就发现了第一代单层神经网络的根本限制[①]。那时，研究学者们已经知道多层神经网络将会是下一个突破口。然而，他们花费了近 30 年的时间才为单层神经网络增加了一层。大家可能不理解为什么仅仅增加一层就会用这么长的时间，其实就是因为没有找到合适的多层神经网络的学习规则！神经网络存储信息的唯一途径就是训练，所以，那些不可训练的神经网络是无用的。

在 1986 年反向传播算法被提出后，多层神经网络的训练问题才最终得到了解决，使得神经网络又回到了历史舞台。然而，它很快就遇到了另外一个难题：处理实际问题的性能达不到人们的预期。当然，为了克服这个限制，人们做出了很多努力，包括增加隐藏层和隐藏层节点的数量，然而这些努力都没有起到实际的效果，有些甚至使神经网络的训练问题变得更差。神经网络的结构和概念非常简单，但是人们找不到能够改善它的办法。最终这种多层神经网络被人们认为没有改善的可能性，于是渐渐地被遗忘。

直到约 20 年后的 2000 年中期，深度学习的提出才唤醒了这个被遗忘很久的多层神经网络。深度学习为多层神经网络的训练开辟了一个新的途径。因为人们在训练深度神经网络时确实遇到了一些困难，所以为使深度隐藏层产生足够的性能还是花了一些时间。不管怎样，当前的深度学习技术产生了令人眼花缭乱的效果，最终诞生了一些很优秀的机器学习技术和神经网络，并且在人工智能领域的研究中变得很流行。

总之，因为缺乏有效的学习规则，所以多层神经网络花费了 30 年时间才解决了单层神经网络的使用限制；同时，因为反向传播算法和更多的隐藏层常常导致多层神经网络性能低下，所以后来又花费了 20 年的时间才提出了

[①]　如第 2 章讨论过的，单层神经网络只能解决线性分割问题。

深度学习,并最终由深度学习技术解决了这个难题。

第 5.2 节将探讨当采用反向传播算法训练深度神经网络时,其学习性能下降的主要原因;同时,还将介绍深度学习是如何解决该问题的。第 5.3 节将介绍深度学习中典型的 ReLU 激活函数,同时给出该激活函数和节点丢弃(dropout)的实现代码,并采用深度学习技术实现第 4.4 节中的多分类问题。第 5.4 节对本章进行总结。

5.2 深度神经网络的进化

抛开那些令人瞩目的成就,深度学习实际上并没有什么关键技术好讲,它的革新是许多小技术的进步共同促成的。本节将简要介绍深度神经网络性能低下的原因以及深度学习是如何克服这个问题的。

神经网络的层数越多,其性能越差,原因是神经网络的层数越多,造成了神经网络无法得到恰当的训练。在深度神经网络训练算法中,反向传播算法面临着如下难题:

- 梯度消失;
- 过拟合;
- 计算量的增加。

5.2.1 梯度消失

本小节所讲的梯度可以认为与反向传播算法中的增量类似。当输出误差很可能无法到达更远的节点时,就会造成在使用反向传播算法的训练过程中出现梯度消失的现象。反向传播算法是将输出误差反向传播至隐藏层来训练神经网络的方法,然而当误差几乎无法到达第一个隐藏层时,权重就得不到调整。这样,输入层附近的隐藏层就得不到恰当的训练,增加的隐藏层也就变得毫无意义,如图 5-2 所示。

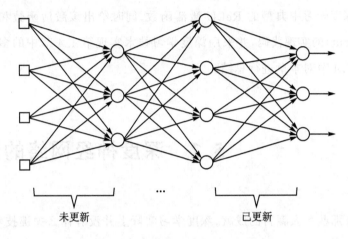

图 5-2　深度神经网络中梯度消失现象

解决梯度消失问题的典型方法是将整流线性单元(Rectified Linear Unit,ReLU)函数作为激活函数。众所周知,它比 Sigmoid 函数能更好地传递误差。ReLU 函数的定义是

$$\varphi(x)=\begin{cases} x, & x>0 \\ 0, & x\leqslant 0 \end{cases}=\max(0,x)$$

图 5-3 描绘了 ReLU 函数[①],当输入为负数时,它输出 0;相反地,当输入为正数时,它输出该正数。可以看到,其实现方法极其简单。

Sigmoid 函数限制节点的输出为单位 1,而不管输入值的大小。相反,ReLU 函数并没有施加这个限制。是不是很有趣? 如此简单的变化使得神经网络的学习性能得到了巨大的提升。

现在需要提供给反向传播算法的另一个元素是 ReLU 函数的导数。根

[①]　这个名字的来源是因为该函数的作用类似于一种电器元件——整流器。整流器可以把交流电中的负电压转换为正电压,从而将交流电转换为直流电。

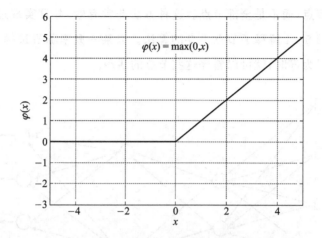

图 5 - 3 ReLU 函数及其图像

据 ReLU 的定义,其导数为

$$\varphi'(x) = \begin{cases} 1, & x > 0 \\ 0, & x \leqslant 0 \end{cases}$$

另外,如第 3.4 节讨论的,交叉熵驱动的学习规则也能改善学习性能。高级梯度下降法[①]是一种能更好地获取最优值的数值方法,同时它也有利于深度神经网络的训练。

5.2.2 过拟合

深度神经网络特别容易导致过拟合的原因是它含有更多的隐藏层和更多的权重,从而使问题变得更复杂。如第 1.5 节提到的,复杂模型更容易导致过拟合。但是,为了获得更高的性能而增加层数,从而使得神经网络不得不去面对机器学习领域的挑战性问题——过拟合。

最具代表性的解决方案是节点丢弃(dropout),神经网络只训练那些随

① 摘自:sebastianruder. com/optimizing-gradient-descent/。

机挑选的节点，而不是全部节点。这种方法非常有效，并且实现过程也不是太复杂。图 5-4 解释了节点丢弃的算法。以某一概率随机选择节点，当将其输出设置为零时，就可以暂停这些节点的活动。

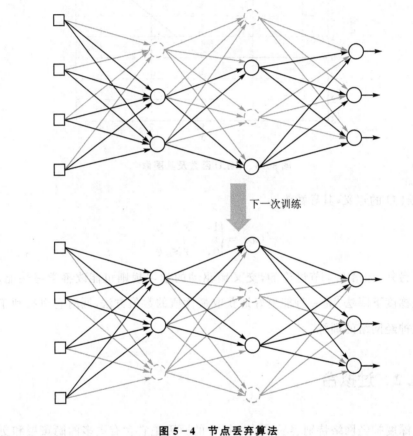

下一次训练

图 5-4　节点丢弃算法

　　因为在训练过程中，节点丢弃算法在持续地转换节点和权重，所以它能有效地防止过拟合。对于隐藏层和输入层节点来说，较为合适的节点丢弃百分比分别约为 50 ％和 25 ％。

　　另一个防止过拟合的流行方法是，给代价函数增加能够提供权重大小的正则项。这个方法也有效，因为它会尽可能地简化神经网络的结构，进而降低过拟合的可能性,第 3.4 节解释了这一点。此外,使用大量的训练数据也非常有帮助,因为这样能降低特定数据的潜在偏差。

5.2.3　计算量的增加

最后一个挑战是完成训练所需的时间。权重的数量随着隐藏层数量的增加而呈几何式增长,这样就会需要更多的训练数据,最终导致需要大量的计算。神经网络执行的计算越多,训练所需要的时间就越长,这是神经网络模型在实际开发中需要特别重视的问题。如果一个深度神经网络需要训练一个月,那么一年只能修改 12 次模型。在这种情况下,几乎不可能进行有用的研究。现在通过引入高性能的硬件和算法,如高性能的 GPU(见图 5-5)以及算法的批量规范化,这个问题在某种程度上已经得到了解决。

图 5-5　某款高性能的 GPU 硬件

本节所介绍的这些小改进奠定了深度学习在机器学习领域的杰出地位。机器学习的三个主要研究领域通常为图像识别、语音识别和自然语言处理,每一个领域都有适合自身的研究技术。然而深度学习已经在这三个领域中脱颖而出。

5.3 示 例

本节讲解典型的机器学习技术：ReLU 函数和节点丢弃算法。现在再次使用第 4.4 节中的数字分类的例子。训练数据是与第 4.4 节中一样的 5×5 的像素块，如图 4-10 所示。

考虑一个如图 5-6 所示的深度神经网络，它有三个隐藏层，每个隐藏层包含 20 个节点。因为输入数据是 5×5 的矩阵，并且要分为 5 个类别，所以输入节点和输出节点的个数分别为 25 和 5。输出节点采用 Softmax 激活函数。

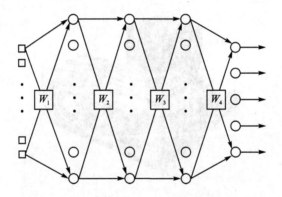

图 5-6 简单数字图像识别：深度神经网络模型

5.3.1 ReLU 函数

本小节通过一个例子来介绍 ReLU 函数 DeepReLU 函数利用反向传播算法训练这个给定的深度神经网络。例子中输入权重和训练数据，并返回

训练后的权重,代码是

　　[W1，W2，W3，W4] = DeepReLU(W1，W2，W3，W4，X，D)

其中,W1、W2、W3、W4 分别为输入层—隐藏层 1、隐藏层 1—隐藏层 2、隐藏
层 2—隐藏层 3、隐藏层 3—输出层的权重矩阵。X 和 D 分别为训练数据的
输入矩阵和正确输出矩阵。下面的代码是 DeepReLU. m 文件,它实现了
DeepReLU 函数。

```
function [W1，W2，W3，W4] = DeepReLU(W1，W2，W3，W4，X，D)
  alpha = 0.01;


  N = 5;
  for k = 1:N
    x = reshape(X(:，:，k)，25，1);
    v1 = W1 * x;
    y1 = ReLU(v1);


    v2 = W2 * y1;
    y2 = ReLU(v2);


    v3 = W3 * y2;
    y3 = ReLU(v3);


    v = W4 * y3;
    y = Softmax(v);


    d = D(k，:)';
```

```
        e = d - y;
        delta = e;

        e3 = W4' * delta;
        delta3 = (v3>0). * e3;


        e2 = W3' * delta3;
        delta2 = (v2>0). * e2;


        e1 = W2' * delta2;
        delta1 = (v1>0). * e1;


        dW4 = alpha * delta * y3';
        W4 = W4 + dW4;


        dW3 = alpha * delta3 * y2';
        W3 = W3 + dW3;


        dW2 = alpha * delta2 * y1';
        W2 = W2 + dW2;


        dW1 = alpha * delta1 * x';
        W1 = W1 + dW1;
    end
  end
```

上段代码首先导入训练数据,用增量规则计算权重,并更新 dW1、dW2、dW3 和 dW4,然后调整神经网络的权重。至此,这个过程与前面的训练代码几乎是一样的,唯一的差别是隐藏层节点采用 ReLU 函数,而不再是 Sigmoid 函数。当然,使用不同的激活函数将使导数也发生变化。

现在,来看看 DeepReLU 函数所调用的 ReLU 函数。下段程序是在 ReLU.m 文件中实现的 ReLU 函数。因为这只是个定义,所以不再进行深入讨论。

```
function y = ReLU(x)
    y = max(0, x);
end
```

现在看一下用来调整权重的这部分反向传播算法代码。下段代码是从 DeepReLU.m 文件中提取出来的对增量 delta 的计算部分。这个过程从输出节点的增量 delta 开始计算隐藏层节点的误差,并将这个误差向反方向传播以计算下一层节点的误差。随后一直重复增量 delta3、delta2 和 delta1 的计算过程。

```
...
e = d - y;
delta = e;

e3 = W4' * delta;
delta3 = (v3>0). * e3;

e2 = W3' * delta3;
```

```
delta2 = (v2>0). * e2;

e1 = W2ᵗ * delta2;
delta1 = (v1>0). * e1;
...
```

从代码中可以比较明显注意到的一点是 ReLU 函数的导数，例如，当计算第三层的增量 delta3 时，ReLU 函数的导数为

$$(v3>0)$$

下面来看看上面这一行是如何成为 ReLU 函数的导数的。如果括号内的表达式分别为真和假，那么 MATLAB 将返回一个单位 1 或 0，即当 v3>0 时，这一行的结果为 1；反之，则为 0。当 ReLU 函数的导数定义为

$$\varphi'(x) = \begin{cases} 1, & x > 0 \\ 0, & x \leqslant 0 \end{cases}$$

时，将产生相同的效果。

下段代码是 TestDeepReLU.m 文件，用来测试 DeepReLU 函数。这段程序调用 DeepReLU 函数，并训练这个神经网络 10 000 次。将训练数据输入到训练后的神经网络中，并显示模型输出结果。通过比较模型输出和正确输出来验证训练是否充分。

```
clear all

X = zeros(5, 5, 5);

X(:, :, 1) = [ 0 1 1 0 0;
               0 0 1 0 0;
```

```
        0 0 1 0 0;
        0 0 1 0 0;
        0 1 1 1 0
        ];


X(:, :, 2) = [1 1 1 1 0;
        0 0 0 0 1;
        0 1 1 1 0;
        1 0 0 0 0;
        1 1 1 1 1
        ];


X(:, :, 3) = [1 1 1 1 0;
        0 0 0 0 1;
        0 1 1 1 0;
        0 0 0 0 1;
        1 1 1 1 0
        ];


X(:, :, 4) = [0 0 0 1 0;
        0 0 1 1 0;
        0 1 0 1 0;
        1 1 1 1 1;
        0 0 0 1 0
        ];
```

```
X(:, :, 5) = [ 1 1 1 1 1;
              1 0 0 0 0;
              1 1 1 1 0;
              0 0 0 0 1;
              1 1 1 1 0
            ];

D = [ 1 0 0 0 0;
      0 1 0 0 0;
      0 0 1 0 0;
      0 0 0 1 0;
      0 0 0 0 1
    ];

W1 = 2 * rand(20, 25) - 1;
W2 = 2 * rand(20, 20) - 1;
W3 = 2 * rand(20, 20) - 1;
W4 = 2 * rand( 5, 20) - 1;

for epoch = 1:10000                % train
    [W1, W2, W3, W4] = DeepReLU(W1, W2, W3, W4, X, D);
end

N = 5;                             % inference
for k = 1:N
    x = reshape(X(:, :, k), 25, 1);
```

```
    v1 = W1 * x;

    y1 = ReLU(v1);


    v2 = W2 * y1;

    y2 = ReLU(v2);


    v3 = W3 * y2;

    y3 = ReLU(v3);


    v = W4 * y3;

    y = Softmax(v)

end
```

因为上段代码几乎与前面的测试代码一样,所以不再对其进行详细的
解释。上段代码偶尔会因得不到恰当的训练而产生错误的输出,这在
Sigmoid 激活函数上是绝对不会发生的,因为 ReLU 函数对初始权重比较敏
感,从而导致了这个异常。

5.3.2　节点丢弃

本小节主要讲解实现节点丢弃的代码,并将 Sigmoid 函数作为隐藏层节
点的激活函数。这段代码主要用来了解如何通过编码来实现节点丢弃,或
许因为训练数据过于简单,以至于无法体现过拟合的实际改善效果。

代码通过采用 DeepDropout 函数的反向传播算法来训练这个神经网
络。输入神经网络的权重和训练数据,并返回训练后的权重,代码是

[W1, W2, W3, W4] = DeepDropout(W1, W2, W3, W4, X, D)

其中的变量符号与 5.3.1 小节的 DeepReLU 函数中的一样。下面的代码是 DeepDropout. m 文件，它实现了 DeepDropout 函数。

```
function [W1, W2, W3, W4] = DeepDropout(W1, W2, W3, W4, X, D)
  alpha = 0.01;


  N = 5;
  for k = 1:N
    x = reshape(X(:, :, k), 25, 1);
    v1 = W1 * x;
    y1 = Sigmoid(v1);
    y1 = y1 .* Dropout(y1, 0.2);


    v2 = W2 * y1;
    y2 = Sigmoid(v2);
    y2 = y2 .* Dropout(y2, 0.2);


    v3 = W3 * y2;
    y3 = Sigmoid(v3);
    y3 = y3 .* Dropout(y3, 0.2);


    v = W4 * y3;
    y = Softmax(v);


    d = D(k, :)';
```

```
        e = d − y;

        delta = e;


        e3 = W4' * delta;

        delta3 = y3. * (1 − y3). * e3;


        e2 = W3' * delta3;

        delta2 = y2. * (1 − y2). * e2;


        e1 = W2' * delta2;

        delta1 = y1. * (1 − y1). * e1;


        dW4 = alpha * delta * y3';

        W4 = W4 + dW4;


        dW3 = alpha * delta3 * y2';

        W3 = W3 + dW3;


        dW2 = alpha * delta2 * y1';

        W2 = W2 + dW2;


        dW1 = alpha * delta1 * x';

        W1 = W1 + dW1;

    end

  end
```

这段代码的工作流程是导入训练数据，用增量规则计算权重，更新 dW1、dW2、dW3 和 dW4，并且调整该神经网络的权重。这个过程与前面训练代码的过程是一样的，只是与前面的代码有差别，其差别在于，一旦哪个隐藏层的 Sigmoid 函数计算出了输出，Dropout 函数就会修改这些节点的最终输出。例如，第一个隐藏层的输出计算代码是

```
y1 = Sigmoid(v1);
```

```
y1 = y1 . * Dropout(y1, 0.2);
```

运行上面的两行代码，会将第一个隐藏层上 20 % 的节点输出转换为 0，即它丢弃了第一个隐藏层上 20 % 的节点。

下面是节点丢弃函数代码的实现细节。这段代码接收输出向量和丢弃率，并返回一个新的向量，然后使用这个新向量乘以原来那个输出向量，代码是

```
ym = Dropout(y, ratio)
```

其中，y 是输出向量，ratio 是输出向量的丢弃率。Dropout 函数的返回向量 ym 的维度与 y 的相同。ym 中值为 0 的元素的占比为 ratio，其余的元素值被填充为 $1/(1-ratio)$。考虑下面的例子：

```
y1 = rand(6, 1)
```

```
ym = Dropout(y1, 0.5)
```

```
y1 = y1 . * ym
```

Dropout 函数实现了节点丢弃算法。运行上面的代码将会得到如下结果：

$$
y1 = \begin{bmatrix} 0.535\ 6 \\ 0.953\ 7 \\ 0.544\ 2 \\ 0.082\ 1 \\ 0.366\ 3 \\ 0.850\ 9 \end{bmatrix}, \quad ym = \begin{bmatrix} 2 \\ 2 \\ 0 \\ 0 \\ 0 \\ 2 \end{bmatrix}, \quad y1 * ym = \begin{bmatrix} 1.071\ 2 \\ 1.907\ 5 \\ 0 \\ 0 \\ 0 \\ 1.701\ 7 \end{bmatrix}
$$

向量 ym 有 6 个元素,其中 3 个(向量 y1 元素个数的一半,即丢弃率为 0.5)被填充为 0,其余填充为 1/(1−0.5),这里是 2。当用 ym 乘以原始向量 y1 时,在修正后的 y1 中将含有给定比率的 0 元素。换句话说,y1 丢弃了一部分元素。

用 1/(1−ratio)去乘以其他元素的原因是为了补偿因丢弃元素而导致的输出损失。在上面的例子中,一旦向量 y1 中的一半元素被丢弃,那么各层的输出将明显减小,因此需要将剩余节点的输出以适当的比例放大,以补偿损失。

下面的 Dropout. m 文件实现了 Dropout 函数。

```
functionym = Dropout(y, ratio)
    [m, n] = size(y);
    ym = zeros(m, n);

    num = round(m * n * (1 - ratio));
    idx = randperm(m * n, num);
    ym(idx) = 1 / (1 - ratio);
end
```

前面的解释很长,但是代码本身却很简单。代码首先生成了零矩阵 ym,其维度与 y 的一样。然后该代码依据给定的丢弃率 ratio,计算出待保留元素的个数 num,并且随机地从 ym 中挑选保留元素。具体地讲,它是用 randperm 函数选择 ym 中元素的索引。现在这段代码有了非零元素的索引,随后将 1/(1−ratio)赋值给这些元素;并且因为 ym 在一开始就是零矩阵,所以剩余的那些元素都保持为 0。

下面的代码是 TestDeepDropout. m 文件,用来测试 DeepDropout 函数。

这段程序调用 DeepDropout 函数并训练该神经网络 20 000 次。将训练数据输入到训练后的神经网络中，并显示模型输出结果。通过将模型输出与正确输出进行比较来验证训练是否充分。

```
clear all

X = zeros(5, 5, 5);

    X(:, :, 1) = [ 0 1 1 0 0;
                   0 0 1 0 0;
                   0 0 1 0 0;
                   0 0 1 0 0;
                   0 1 1 1 0
                 ];

    X(:, :, 2) = [ 1 1 1 1 0;
                   0 0 0 0 1;
                   0 1 1 1 0;
                   1 0 0 0 0;
                   1 1 1 1 1
                 ];

    X(:, :, 3) = [ 1 1 1 1 0;
                   0 0 0 0 1;
                   0 1 1 1 0;
                   0 0 0 0 1;
```

```
                    1 1 1 1 0
                    ];


X(:, :, 4) = [ 0 0 0 1 0;
               0 0 1 1 0;
               0 1 0 1 0;
               1 1 1 1 1;
               0 0 0 1 0
               ];


X(:, :, 5) = [ 1 1 1 1 1;
               1 0 0 0 0;
               1 1 1 1 0;
               0 0 0 0 1;
               1 1 1 1 0
               ];


D = [ 1 0 0 0 0;
      0 1 0 0 0;
      0 0 1 0 0;
      0 0 0 1 0;
      0 0 0 0 1
      ];


W1 = 2 * rand(20, 25) - 1;
W2 = 2 * rand(20, 20) - 1;
```

```
W3 = 2 * rand(20, 20) - 1;
W4 = 2 * rand( 5, 20) - 1;


for epoch = 1:20000              % train
    [W1, W2, W3, W4] = DeepDropout(W1, W2, W3, W4, X, D);
end


N = 5;                           % inference
for k = 1:N
    x = reshape(X(:, :, k), 25, 1);
    v1 = W1 * x;
    y1 = Sigmoid(v1);

    v2 = W2 * y1;
    y2 = Sigmoid(v2);141

    v3 = W3 * y2;
    y3 = Sigmoid(v3);

    v = W4 * y3;
    y = Softmax(v)
end
```

上段代码与其他的测试代码几乎完全相同，唯一的差别是它调用了 DeepDropout 函数来计算训练后的神经网络的输出，这里不再给出进一步的解释。

5.4 总 结

- 可以将深度学习简单地定义为:一种采用深度神经网络的机器学习技术。

- 前面的神经网络有一个问题是,很难训练具有更深(更多)隐藏层的神经网络,并且更深(更多)隐藏层会削弱训练性能,而深度学习解决了这个问题。

- 深度学习的杰出成就是由许多小技术的进步促成的,而不是仅依靠某个关键技术。

- 深度神经网络性能较差的原因是它得不到适当的训练,这主要是因为它面临着三种主要的难题:梯度消失、过拟合、计算量增加。

- 采用 ReLU 激活函数和交叉熵驱动的学习规则使得梯度消失问题得到很大的改善。使用高级的梯度下降算法对训练也非常有利。

- 深度神经网络更容易过拟合,而深度学习采用节点丢弃或正则化方法解决了这个问题。

- 计算量越大,所消耗的时间就越多,而 GPU 和各种高性能的算法可以在很大程度上解决这个问题。

第 6 章
卷积神经网络

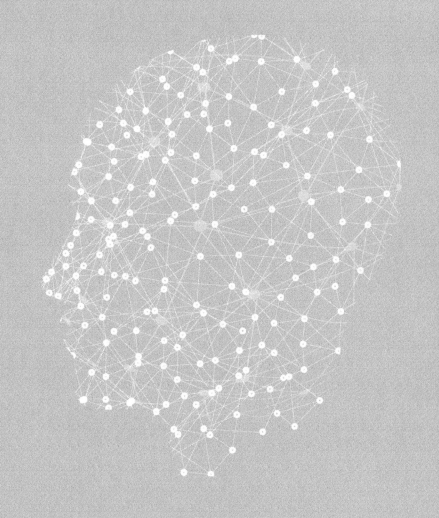

6.1 概　述

第 5 章介绍了深度神经网络性能较差的原因是深度神经网络训练不够彻底,并且解释了深度学习是如何解决这个问题的。但是深度神经网络的重要性在于它打开了通向知识分层处理的复杂非线性模型和系统性方法的大门。

本章将介绍卷积神经网络(ConvNet),它是专门做图像识别的深度神经网络。这项技术印证了深层网络的进步对于信息(图像)处理的重要性。实际上,卷积神经网络并不是一项新技术,它是从二十世纪八九十年代发展起来的[1]。然而,由于它并不适用于有着复杂图像的真实世界,因此曾经被遗忘过一段时间。从 2012 年开始,卷积神经网络戏剧性地恢复了活力[2],它引领着大多数的计算机视觉领域,目前正处于快速发展阶段。

作为一个引导性的学习旅程,本章将展示基本的概念而不是最新的技术。第 6.2 节将探讨卷积神经网络的基本架构和每一层的作用。第 6.3 节将解释卷积层,即卷积神经网络的本质,这个解释包含卷积层中的运算及其意义。第 6.4 节将展示池化层的运算和作用,它在实际应用中是与卷积层协同工作的。第 6.5 节将提供一个从 MNIST 数据中识别数字图像的例子,并

---

[1]　Le Cun Y, et al. Handwritten digit recognition with a back-propagation network. Proc. Advances in Neural Information Processing Systems,1990:396-404.

[2]　Krizhevsky, Alex. ImageNet Classification with Deep Convolutional Neural Networks, 17 November,2013.

说明卷积神经网络是如何处理图像的。第 6.6 节是本章的总结。

6.2 卷积神经网络的架构

卷积神经网络不只是有很多隐藏层的深度神经网络,它也是一种模仿大脑视觉皮质进行图像处理和识别图像的深度网络。因此,即使是那些神经网络领域的专家在初次遇到卷积神经网络时也常常无法理解这个概念,这是因为卷积神经网络与前面讲到的神经网络在概念和运算上有所差别。本节将简要介绍卷积神经网络的基本架构。

图像识别基本上算是一种分类问题。例如,识别一张照片中是猫还是狗,与将图像分类为猫类和狗类是一样的。同样的道理也适用于文字识别,识别图像中的文字与将图像分类为文字类别也是一样的。因此,卷积神经网络的输出层通常都采用多分类神经网络。

然而,直接将原始图像用于图像识别而不考虑识别方法将会导致很差的结果。为了对比图像特征,需要提前处理图像。第 4.4 节中的例子使用的是原始图像,其分类结果很有效,这是因为它们只是简单的黑白色块,否则,如果不进行图像预处理的话,经过识别后的结果将会非常差。为此,人们开发了很多提取图像特征的算法。[①]

在神经网络之前,特征提取器根据使用的领域不同,被相关专家设计成具有不同的功能,因此需要花费大量的成本和时间,即使这样,它仍可能产生不同水平的学习性能。但是,这些特征提取器与机器学习是相互独立的,图 6-1 说明了此过程。

卷积神经网络在训练过程中自动生成特征提取器,而不是由人工设计。

---

① 代表性方法包括 SIFT、HoG、Textons、Spinimage、RIFT 和 GLOH。

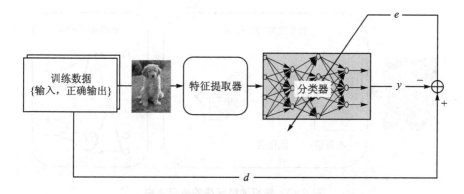

图 6 - 1　带有图像特征提取器的图像识别流程

它由一些特殊的神经网络类型组成,这些神经网络的权重是在训练过程中确定的。将人工设定特征提取转变为自动生成特征提取是卷积神经网络的主要特点和优势。图 6 - 2 描绘了卷积神经网络训练的概念。

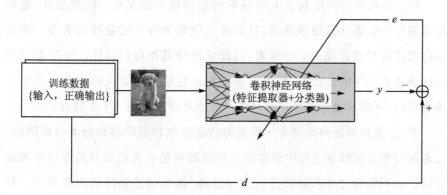

图 6 - 2　卷积神经网络的图像识别流程

特征提取神经网络的层数越深,图像识别的效果越好,而其代价是训练过程比较困难,这也是卷积神经网络曾经不实用和被遗忘的原因。

下面再做一些深入的解释。卷积神经网络包含提取输入图像特征的神经网络和另外一个进行图像分类的神经网络。图 6 - 3 展示了卷积神经网络的典型结构。

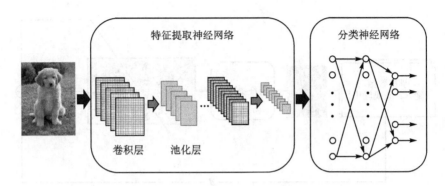

特征提取神经网络

分类神经网络

卷积层　　池化层

图 6 - 3　卷积神经网络的典型结构

　　特征提取神经网络接收输入图像,把提取到的特征信号传递给分类神经网络。随后分类神经网络基于图像特征进行运算,并产生输出。此处用到了第 4 章的分类技术。

　　特征提取神经网络包含大量成对的卷积层和池化层。顾名思义,卷积层是用卷积运算进行图像转换,可以将它想象为数字过滤器的集合。池化层将邻近的像素合成为单个像素,因此它能降低图像的维度。由于卷积神经网络主要关注的是图像,所以卷积层和池化层的运算在概念上是处于二维平面的,同时这也是卷积神经网络与其他神经网络的一个不同点。

　　总之,卷积神经网络包含一系列的特征提取神经网络和分类神经网络,二者的权重是在训练过程中确定的。特征提取层有大量成对的卷积层和池化层。卷积层通过卷积运算进行图像转换,池化层能够降低图像维度。分类神经网络通常采用普通的多分类神经网络。

6.3　卷积层

　　本节将解释特征提取神经网络中的卷积层的工作原理。6.4 节介绍池化层。

卷积层生成的新图像叫做特征映射。特征映射突出了原始图像的独特特征,它与其他神经网络的运算方法迥然不同。卷积层不使用连接权重与加权和[①];相反,它采用转换图像的过滤器[②],我们称之为"卷积过滤器",当图像通过卷积过滤器之后会生成特征映射。

图 6-4 展示了卷积层的工作流程,其中带圆圈的记号"＊"表示卷积运算,φ 表示激活函数,这些运算符号之间的灰度图表示卷积过滤器。卷积层生成特征映射的数量与卷积过滤器的数量相等。举个例子,如果卷积层包含 4 个过滤器,那么将生成 4 个特征映射。

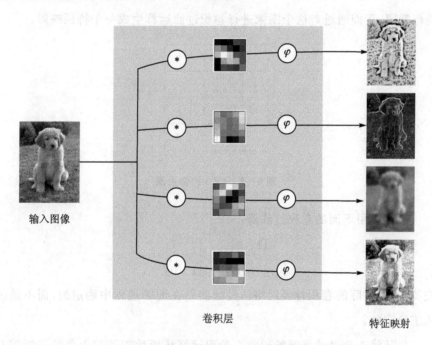

图 6-4 简单示例:卷积层中的卷积过滤器和特征映射

① 通常从普通神经网络中接收和共享权重的角度来解释它,然而,这种解释对初学者是没有帮助的。本书并没有强调它与普通神经网络的关系,而是将它解释为一种数字滤波器。
② 或者叫做卷积核。

下面进一步探讨卷积过滤器中的细节。卷积层中的过滤器都是二维矩阵，它们通常是 5×5 或 3×3 的矩阵，甚至在近期应用中还有 1×1 的卷积过滤器。图 6-4 以灰度像素的形式展示了 5×5 过滤器的值。如在 6.2 节提到的，过滤器矩阵的值是在训练过程中确定的。因此，这些值在整个训练过程中都不断得到优化，这个过程类似于普通神经网络中连接权重的更新过程。

卷积是一种用文字很难去解释的运算，因为它是在二维平面上运算的。然而，它的概念和运算步骤却比看上去要简单得多[①]。举一个简单的例子可以帮助理解它的工作原理。考虑一个如图 6-5 所示的用矩阵表达的 4×4 的像素图，下面通过对这个图像进行卷积过滤运算生成一个特征映射。

1	1	1	3
4	6	4	8
30	0	1	5
0	2	2	4

图 6-5 4×4 的像素图

现在使用下面的卷积过滤器：

$$\begin{bmatrix} 1 & 0 \\ 0 & 1 \end{bmatrix}, \quad \begin{bmatrix} 0 & 1 \\ 1 & 0 \end{bmatrix}$$

应该注意，实际的卷积神经网络的过滤器是在训练过程中确定的，而不是由人工给定的。

先从第 1 个过滤器开始说明。卷积运算从原始矩阵左上角的子矩阵开始进行，该子矩阵与过滤器的维度相同，如图 6-6 所示。

卷积运算是两个矩阵上相同位置的元素乘积之和。图 6-6 中"7"的计

---

① 摘自：deeplearning. stanford. edu/wiki/images/6/6c/Convolution_schematic. gif。

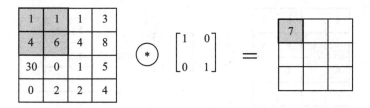

图 6-6　简单示例:卷积过滤器的矩阵运算(第 1 步)

算过程如下:

$$(1 \times 1) + (1 \times 0) + (4 \times 0) + (6 \times 1) = 7$$

第 2 个子矩阵的卷积运算如图 6-7 所示。[①]

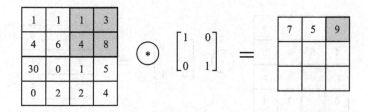

图 6-7　简单示例:卷积过滤器的矩阵运算(第 2 步)

如图 6-8 所示,以同样的方式进行第 3 个卷积运算。

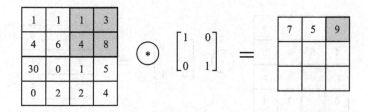

图 6-8　简单示例:卷积过滤器的矩阵运算(第 3 步)

一旦完成第一行的运算,运算过程就从下一行开始从左到右继续进行,如图 6-9 所示。

---

① 设计人员为每次运算确定需要提取出的元素数量。如果过滤器较大,则它可以大于 1。

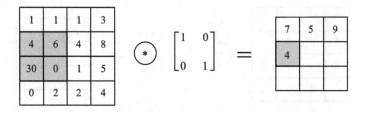

图 6-9　简单示例:卷积过滤器的矩阵运算(第 4 步)

重复相同的步骤,直至生成给定过滤器的特征映射,如图 6-10 所示。

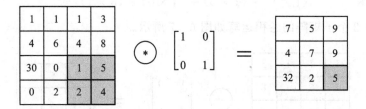

图 6-10　简单示例:卷积过滤器的矩阵运算(最后一步)

现在细看一下图 6-11 中的特征映射,第(3,1)元素是这个特征映射的最大值。下面看一下这个元素发生了什么? 该值是如图 6-11 所示的卷积运算的结果。

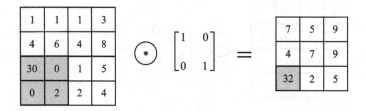

图 6-11　简单示例:特征映射结果中第(3,1)元素的计算过程

从图 6-12 可以看出,第(3,1)元素所对应图像的子矩阵与卷积过滤器在形态上比较吻合,二者都是对角矩阵,而且在相同位置上的数值都较大。可见,当输入与过滤器相吻合时,卷积运算就会生成一个较大的值。

相反,在如图 6-13 所示的情况中,同样的较大元素值 30 并没有过多地

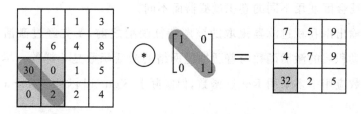

图 6-12　简单示例:子矩阵维度与卷积过滤器吻合

影响到卷积运算,其结果仅为 4。这是因为图像的子矩阵与过滤器不吻合,
图像子矩阵的较大元素以错误的方向排列。

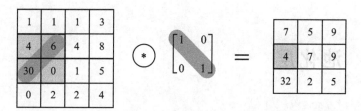

图 6-13　简单示例:图像子矩阵与过滤器不吻合

以同样的方式处理第二个卷积过滤器,会生成如图 6-14 所示的特征
映射。

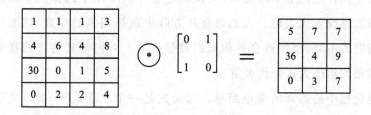

图 6-14　简单示例:用第二个卷积过滤器计算的特征映射

与第一个卷积过滤器类似,这个特征映射的各个元素值的大小取决于
图像的子矩阵是否与卷积过滤器的形态相吻合。

总之,卷积过滤器对输入图像进行卷积运算并生成特征映射。在卷积
层中被提取出来的特征是由训练后的卷积过滤器确定的。因此,卷积层提

取的特征会因使用不同的卷积过滤器而不同。

在输出由卷积过滤器提取的该层特征映射之前，要先经过激活函数的处理。卷积层的激活函数与普通神经网络的激活函数是一样的。尽管近期在大多数应用中多采用 ReLU 函数，但实际上 Sigmoid 函数和 Tanh 函数也很常用。[①]

作为参考，移动平均过滤器是一个特殊类型的卷积过滤器，它也被广泛用于数字信号处理领域。如果熟悉数字过滤器，那么将它们与卷积过滤器的概念联系起来可以更好地理解卷积过滤器背后的意义。

6.4 池化层

池化层能够减小图像的尺寸，因为它将图像某一特定区域内的相邻像素合并成单个代表值。池化是一种典型的图像处理技术，也常常被用于很多其他的图像处理机制中。

为了执行池化层中的运算，应该确定怎样从图像中选择需要池化的像素以及怎样设置代表值。人们通常从方阵中选择相邻的像素，然而经常会因为问题的不同，而使被合并像素的数量各异。人们常常将被选择像素的均值或最大值作为这个代表值。

池化层中的运算出奇地简单。因为这是一个二维运算，所以文字解释将令人更加迷惑，那么就来举个例子看看吧。考虑如图 6-15 所示的用矩阵表达的 4×4（像素）的输入图像。

现在将输入图像像素合并到一个 2×2 的矩阵中，一旦输入图像穿过池化层，它就会缩减为 2×2（像素）的图像。图 6-16 展示了分别用平均池化

---

① 根据问题的不同，有时可能会取消激活函数。

和最大池化进行像素合并的结果。

1	1	1	3
4	6	4	8
30	0	1	5
0	2	2	4

图 6 - 15   4×4(像素)的输入图像

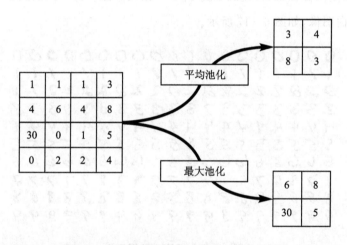

图 6 - 16   简单示例：平均池化和最大池化

事实上，池化过程在数学意义上是一种卷积运算。池化层与卷积层的不同之处在于池化层是固定的，并且池化层的卷积区域也不重叠。6.5 节的例子将详细说明这一点。

池化层在某种程度上可以补偿图像中偏离中心和倾斜的对象。例如，池化层可以提升模型对一只猫的识别能力，即使这只猫可能处于远离输入图像中心的位置。另外，由于池化过程减小了图像尺寸，所以这对减小计算量和防止过拟合是非常有利的。

6.5 示例：MNIST

下面将实现一个把图像中的数字识别出来的神经网络。所用到的训练数据是著名的 MNIST[①] 数据库，它包含 70 000 张手写数字的图像，通常用 60 000 张图像做训练，再用剩下的 10 000 张做验证。每一张都是 28×28（像素）的黑白图像，如图 6-17 所示。

图 6-17 MNIST 数据示例

考虑到训练时间，本例仅采用 10 000 张图像，用于训练和验证的图像分配比例定为 8:2，这样就有 8 000 张用于训练神经网络，有 2 000 张用于验证其性能。现在可能已经知道了，MNIST 问题是多分类问题，要将 28×28（像素）的图像内容识别为 0~9 数字的其中之一。

现在考虑用一个卷积神经网络来识别 MNIST 图像。因为输入是一个 28×28 的黑白图像，所以取 784(28×28) 个输入节点。特征提取神经网络包

---

① 指混合国家标准和技术研究所。

含一个单卷积层,它由 20 个 9×9 的卷积过滤器组成。卷积层的输出通过
ReLU 函数后进入池化层。池化层采用 2×2 子矩阵的平均池化。该神经网
络分类器包含一个单隐藏层和一个输出层。隐藏层有 100 个节点,采用
ReLU 激活函数。因为有 10 个类别,所以输出层取 10 个节点,激活函数为
Softmax。表 6-1 总结了该神经网络的结构。

表 6-1　简单示例:识别 MNIST 手写数字的卷积神经网络的结构

层名称	注　解	激活函数
输入层	28×28 个节点	—
卷积层	20 个卷积过滤器(9×9)	ReLU
池化层	平均池化(2×2)	—
隐藏层	100 个节点	ReLU
输出层	10 个节点	Softmax

图 6-18 展示了该神经网络的架构。虽然它有许多层,但仅有三个需要
训练的权重矩阵,它们分别是图中方块里的 W_1、W_5 和 W_o。W_5 和 W_o 包含
分类神经网络的连接权重;W_1 是卷积层的权重,卷积过滤器用它来进行图
像处理。

池化层与隐藏层(W_5 左边的方形节点)之间输入节点的作用是将二维
图像转换为一个向量。由于这一层不涉及任何运算,因此将其节点表示为
方形。

MnistConv 函数采用反向传播算法训练该神经网络,它接收初始权重和
训练数据,并返回训练后的权重,代码是

[W1, W5, Wo] = MinstConv(W1, W5, Wo, X, D)
其中,W1、W5 和 Wo 分别是卷积过滤器矩阵、池化层—隐藏层权重矩阵和
隐藏层—输出层权重矩阵。下面的代码是 MnistConv. m 文件,它实现了
MnistConv 函数。

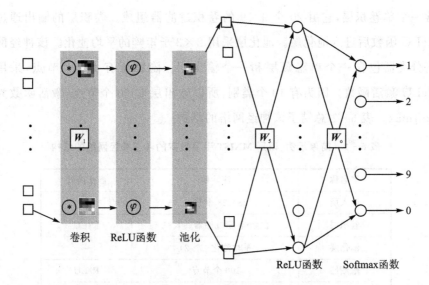

图 6 - 18　识别 MNIST 手写数字的卷积神经网络

```
function [W1, W5, Wo] = MnistConv(W1, W5, Wo, X, D)
%
%
    alpha = 0.01;
    beta = 0.95;


    momentum1 = zeros(size(W1));
    momentum5 = zeros(size(W5));
    momentumo = zeros(size(Wo));


    N = length(D);


    bsize = 100;
```

```
blist = 1:bsize:(N - bsize + 1);


% One epoch loop
%
for batch = 1:length(blist)
    dW1 = zeros(size(W1));
    dW5 = zeros(size(W5));
    dWo = zeros(size(Wo));


    % Mini-batch loop
    %


    begin = blist(batch);
    for k = begin:begin + bsize - 1
        % Forward pass = inference
        %
        x = X(:, :, k);            % Input,            28 × 28
        y1 = Conv(x, W1);          % Convolution,    20 × 20 × 20
        y2 = ReLU(y1);             %
        y3 = Pool(y2);             % Pool,           10 × 10 × 20
        y4 = reshape(y3, [], 1);   %                    2000
        v5 = W5 * y4;              % ReLu,              360
        y5 = ReLU(v5);             %
        v = Wo * y5;               % Softmax,            10
        y = Softmax(v);            %
```

```
% One-hot encoding
%

d = zeros(10, 1);
d(sub2ind(size(d), D(k), 1)) = 1;

% Backpropagation
%

e = d - y;                  % Output layer
delta = e;

e5 = Wo' * delta;           % Hidden(ReLU) layer
delta5 = (y5>0). * e5;

e4 = W5' * delta5;          % Pooling layer

e3 = reshape(e4, size(y3));

e2 = zeros(size(y2));
W3 = ones(size(y2))/(2 * 2);
for c = 1:20
    e2(:, :, c) = kron(e3(:, :, c), ones([2 2])). * W3(:,
                :, c);
end
```

```
delta2 = (y2>0).* e2;          % ReLU layer


delta1_x = zeros(size(W1));    % Convolutional layer
for c = 1:20
    delta1_x(:, :, c) = conv2(x(:, :), rot90(delta2(:, :,
                     c), 2), 'valid');
end


dW1 = dW1 + delta1_x;
dW5 = dW5 + delta5 * y4';
dWo = dWo + delta  * y5';
end


% Update weights
%
dW1 = dW1/bsize;
dW5 = dW5/bsize;
dWo = dWo/bsize;


momentum1 = alpha * dW1 + beta * momentum1;
W1 = W1 + momentum1;


momentum5 = alpha * dW5 + beta * momentum5;
W5 = W5 + momentum5;


momentumo = alpha * dWo + beta * momentumo;
```

```
        Wo = Wo + momentumo;
    end
end
```

上段代码看起来比前面的都要复杂得多。下面将逐段分析上段代码。MnistConv 函数通过小批量算法训练神经网络，而前面的一些例子则采用 SGD 算法和批量算法。现在将上段代码中的小批量算法部分的内容提取出来并展示如下：

```
bsize = 100;
blist = 1:bsize:(N - bsize + 1);

for batch = 1:length(blist)
    ...
    begin = blist(batch);
    for k = begin:begin + bsize - 1
        ...
        dW1 = dW1 + delta2_x;
        dW5 = dW5 + delta5 * y4';
        dWo = dWo + delta  * y5';
    end
    dW1 = dW1 / bsize;
    dW5 = dW5 / bsize;
    dWo = dWo / bsize;
    ...
end
```

将各批的数量 bsize 设为 100。由于总共有 8 000 个训练数据点,因此权重在每一轮训练中都被调整 80 次(即 8 000/100)。变量 blist 包含每一小批数据点的第一个点的索引。从这个位置开始,该代码将导入此后 100 个数据点并形成用于小批量的训练数据。本例中,变量 blist 存储以下数值:

blist = [1, 101, 201, 301, …, 7 801, 7 901]

训练过程一旦开始,程序将从 blist 中找到小批量数据的起始点,随后在每 100 个数据点上计算权重更新。将这 100 个权重更新值累加并取其平均值,权重就得到了调整。在每一轮训练中重复此过程 80 次。

MnistConv 函数的另一个值得注意的方面是它采用动量法调整权重,代码中使用了 momentum1、momentum5 和 momentumo。下面的代码实现了方程(3.8)中的动量更新算法。

```
...

momentum1 = alpha * dW1 + beta * momentum1;
W1 = W1 + momentum1;

momentum5 = alpha * dW5 + beta * momentum5;
W5 = W5 + momentum5;

momentumo = alpha * dWo + beta * momentumo;
Wo = Wo + momentumo;

...
```

前面已经了解了大部分代码的内容。下面来看看学习规则,它也是这段代码中最重要的一部分。与前面的神经网络一样,卷积神经网络也采用反向传播训练算法。第一个必须获取的是各层的输出。下面的代码是

MnistConv 函数中计算各层输出的部分,从神经网络的架构中就可以直观地理解这个计算过程。最后的变量 y 是神经网络最终的输出。

```
...
x = X(:, :, k);          % Input,              28 × 28
y1 = Conv(x, W1);        % Convolution,        20 × 20 × 20
y2 = ReLU(y1);           %
y3 = Pool(y2);           % Pool,               10 × 10 × 20
y4 = reshape(y3, [ ], 1);  %                    2000
v5 = W5 * y4;            % ReLU,               360
y5 = ReLU(v5);           %
v = Wo * y5;             % Softmax,            10
y = Softmax(v);
...
```

有了各层输出就可以计算其误差了。因为该网络含有 10 个输出节点,为了计算误差,正确输出也应该是 10×1 的向量。然而,MNIST 数据是以数字的形式给出正确输出的,比如说,如果输入图像表示"4",那么正确输出也是数字"4"。下面的代码将数值型的正确输出转换为 10×1 的向量,此处不做进一步的解释。

```
d = zeros(10, 1);
d(sub2ind(size(d), D(k), 1)) = 1;
```

误差计算过程的最后一步是将误差进行反向传播。下面的代码是从输出层向下一个池化层反向传播的过程。因为本例采用交叉熵函数和

Softmax 函数,所以全部输出节点的增量 delta 与输出误差是一样的。下一个隐藏层采用 ReLU 激活函数。其余就没有更特别的地方了。隐藏层和池化层中间的连接层只是进行信号的重新排列。

```
...
e = d - y;
delta = e;

e5 = Wo' * delta;
delta5 = e5 .* (y5 > 0);

e4 = W5' * delta5;
e3 = reshape(e4, size(y3));
...
```

下面还要再分析两个节点层:池化层和卷积层。下面的代码是池化层—ReLU—卷积层的反向传播过程。对这部分的解释已经超出了本书的范围,将来在需要时可参考这段代码。

```
...
e2 = zeros(size(y2));                    % Pooling
W3 = ones(size(y2))/(2 * 2);
for c = 1:20
    e2(:, :, c) = kron(e3(:, :, c), ones([2 2])).* W3(:, :, c);
end
```

```matlab
delta2 = (y2 > 0). * e2;

delta1_x = zeros(size(W1));
for c = 1:20
    delta1_x(:, :, c) = conv2(x(:, :), rot90(delta2(:, :, c), 2),
                    'valid');
end
...
```

下面的代码是 MnistConv 函数调用 Conv.m 文件中的 Conv 函数。MnistConv 函数接收输入图像和卷积过滤器矩阵，并返回特征映射。

```matlab
function y = Conv(x, W)
    %
    %

    [wrow, wcol, numFilters] = size(W);
    [xrow, xcol, ~ ] = size(x);

    yrow = xrow - wrow + 1;
    ycol = xcol - wcol + 1;

    y = zeros(yrow, ycol, numFilters);

    for k = 1:numFilters
        filter = W(:, :, k);
```

```
        filter = rot90(squeeze(filter), 2);
        y(:, :, k) = conv2(x, filter, 'valid');
    end

end
```

上段代码用 MATLAB 软件中内置的二维卷积函数 conv2 进行卷积运算。对 Conv 函数的进一步解释超出了本书的范围,此处略去。

MnistConv 函数也调用 Pool 函数。Pool 函数的实现代码如下所示,它接收特征映射并返回经 2×2 平均池化处理后的图像。Pool 函数位于 Pool. m 文件中。

```
function y = Pool(x)
    %
    % 2x2 mean pooling
    %
    [xrow, xcol, numFilters] = size(x);

    y = zeros(xrow/2, xcol/2, numFilters);
    for k = 1:numFilters
        filter = ones(2)/(2 * 2);            % for mean
        image = conv2(x(:, :, k), filter, 'valid');
        y(:, :, k) = image(1:2:end, 1:2:end);
    end

end
```

上段代码也有一些有趣的地方，就像 Conv 函数一样，上段代码也调用了二维卷积函数 conv2，这是因为池化处理也是一种卷积运算类型。本例的平均池化是用卷积运算实现的，其过滤器为

$$\mathbf{W} = \begin{bmatrix} \dfrac{1}{4} & \dfrac{1}{4} \\[2mm] \dfrac{1}{4} & \dfrac{1}{4} \end{bmatrix}$$

池化层的过滤器是预先定义的，而卷积层的过滤器则是在训练过程中确定的。对上段代码的进一步解释超出了本书的范围，此处略去。

下面的代码是 TestMnistConv.m 文件，用来测试 MnistConv 函数[①]。这个程序调用 MnistConv 函数，并训练该网络 3 次。它接收 2 000 个测试数据并显示训练的准确度。该测试过程用时 2 分 30 秒（注：具体时间取决于计算机的配置），准确度为 93 %。请先注意，运行这个程序花费了相当长的时间。

```
clear all

Images = loadMNISTImages('./MNIST/t10k-images.idx3-ubyte');
Images = reshape(Images, 28, 28, []);
Labels = loadMNISTLabels('./MNIST/t10k-labels.idx1-ubyte');
Labels(Labels = 0) = 10;          % 0→10

rng(1);

% Learning
```

----

① 函数 loadMNISTImages 和 loadMNISTLabels 的链接是 github.com/amaas/stanford_dl_ex/tree/master/common。

170

```
%
W1 = 1e - 2 * randn([9 9 20]);
W5 = (2 * rand(100, 2000) - 1) * sqrt(6)/sqrt(360 + 2000);
Wo = (2 * rand( 10, 100) - 1) * sqrt(6)/sqrt( 10 + 100);


X = Images(:, :, 1:8000);
D = Labels(1:8000);


for epoch = 1:3
   epoch
   [W1, W5, Wo] = MnistConv(W1, W5, Wo, X, D);
end


save('MnistConv.mat');


% Test
%
X = Images(:, :, 8001:10000);
D = Labels(8001:10000);


acc = 0;
N = length(D);
for k = 1:N
   x = X(:, :, k);          % Input,             28 × 28

   y1 = Conv(x, W1);        % Convolution,       20 × 20 × 20
```

```
    y2 = ReLU(y1);              %
    y3 = Pool(y2);              % Pool,              10×10×20
    y4 = reshape(y3, [], 1);    %                    2000
    v5 = W5 * y4;               % ReLU,              360
    y5 = ReLU(v5);              %

    v = Wo * y5;                % Softmax,           10
    y = Softmax(v);             %

    [~, i] = max(y);
    if i = D(k)
        acc = acc + 1;
    end
end

acc = acc/N;
fprintf('Accuracy is % f\n', acc);
```

上段代码与前面的一些代码非常相似,因此此处省略对其相似部分的解释。下面的代码是一段新出现的代码,其作用是将神经网络的模型输出与正确输出进行比较,并计算其匹配的个数。该段代码先将10×1向量形式的输出转换回一个数字,这样就可以与正确输出进行对比了。

```
...
[~, i] = max(y)
if i = D(k)
```

```
    acc = acc + 1 ;
end
...
```

最后来研究当图像通过卷积层和池化层时经过了怎样的处理。MNIST
图像的原始维度是 28×28,它一旦被卷积层的 9×9 卷积过滤器处理,就变
成一个 20×20 的特征映射[①]。又因为有 20 个卷积过滤器,所以这一层将生
成 20 个特征映射。此后,特征映射再通过池化层的 2×2 平均池化处理,每
个特征映射将缩减为 10×10 的映射。图 6-19 阐明了这个过程。

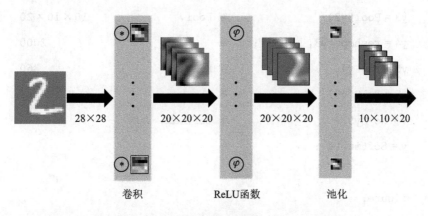

图 6-19 图像通过卷积层和池化层的流程

经过卷积层和池化层的输出结果的数量与卷积过滤器的数量是一样
的,卷积神经网络将输入图像转换为许多维度小一点的特征映射。

现在来看看这个图像在卷积神经网络的每一层上是如何进化的。先运
行 TestMnistConv. m 文件,再运行 PlotFeatures. m 文件,计算机屏幕上将
展示出 5 幅图像。下面的代码位于 PlotFeatures. m 文件中。

---

① 这个特征映射的尺寸仅对该例子有效。特征映射的大小取决于使用了多少卷积过滤器。

```matlab
clear all


load('MnistConv.mat')

k = 2;

x = X(:, :, k);            % Input,              28 × 28
y1 = Conv(x, W1);          % Convolution,        20 × 20 × 20
y2 = ReLU(y1);             %
y3 = Pool(y2);             % Pool,               10 × 10 × 20
y4 = reshape(y3, [ ], 1);  %                     2000
v5 = W5 * y4;              % ReLU,               360
y5 = ReLU(v5);             %
v = Wo * y5;               % Softmax,            10
y = Softmax(v);            %


figure;
display_network(x(:));
title('Input Image')


convFilters = zeros(9 * 9, 20);
for i = 1:20
    filter = W1(:, :, i);
    convFilters(:, i) = filter(:);
end
figure
```

```
display_network(convFilters);
title('Convolution Filters')


fList = zeros(20 * 20, 20);
for i = 1:20

    feature = y1(:, :, i);

    fList(:, i) = feature(:);

end
figure
display_network(fList);
title('Features [Convolution]')


fList = zeros(20 * 20, 20);
for i = 1:20

    feature = y2(:, :, i);

    fList(:, i) = feature(:);

end
figure
display_network(fList);
title('Features [Convolution + ReLU]')


fList = zeros(10 * 10, 20);
for i = 1:20

    feature = y3(:, :, i);

    fList(:, i) = feature(:);

end
```

```
figure
display_network(fList);
title('Features [Convolution + ReLU + MeanPool]')
```

上段代码将测试数据中的第二张图像(k＝2)输入到神经网络中,然后显示出所有步骤的结果。屏幕上显示的矩阵是由 display_network 函数执行的,它与 TestMnistConv. m 文件中的 loadMNISTImages 和 loadMNIST-Lables 函数的来源相同。

屏幕上显示的第一张图就是图 6 - 20 中 28×28(像素)的输入图像"2"。

图 6 - 20   简单示例:手写数字图像"2"

图 6 - 21 是屏幕上显示的第二张图像,它包含前面提到的 20 个训练后的卷积过滤器。每一个过滤器都是 9×9(像素)的图像,并用灰度色调显示每一个元素的值。数值越大,色调越明亮。这些过滤器就是卷积神经网络

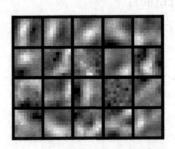

图 6 - 21   简单示例:从手写数字图像"2"提取出的特征

想要从 MNIST 图像中提取出的最好的特征。现在想到了什么？看到这些数字的特征了吗？

图 6-22 是屏幕上显示的第三张图，它是卷积层对图像的处理结果（y1）。这个特征映射包含 20 个 20×20（像素）的图像，从图像中可以明显地看到因卷积过滤器而使输入图像产生的各种变化。

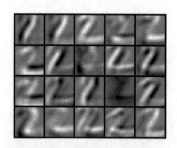

图 6-22　简单示例：卷积层对手写数字图像"2"的处理结果

图 6-23 是屏幕上显示的第四张图，它是 ReLU 函数对来自于卷积层的特征映射进行处理后的结果。从图中可以看到，其前一张图像中的暗色像素被移除了，当前的图像在文字上面大多是白色像素。如果考虑到 ReLU 函数的定义，就会觉得这个现象很合理。现在再看看前一张图像，可以注意到第三行第四列像素中的亮色很少，而且在经过 ReLU 运算之后，图像完全变黑了。事实上这是一个不好的迹象，因为它没能获得输入图像"2"中的任何特征，因此，就需要更多的数据和训练来改善这个图像。然而，因为特征

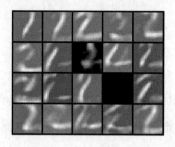

图 6-23　简单示例：ReLU 函数对特征映射的处理结果

映射的其他部分都能正常工作，所以仍然可以利用它进行分类。

图 6-24 是屏幕上显示的第五张图，它提供了对 ReLU 层的输出进行平均池化处理后的图像。其中每一个图像都以 10×10（像素）的空间继承了前一个图像的形状，并且尺寸是前一个图像的一半，这展示了池化层可以减少所需计算资源的程度。

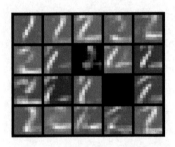

图 6-24　简单示例：对 ReLU 层的输出进行平均池化的处理结果

图 6-24 也是特征提取神经网络的最终结果。随后，这些图像被转换为一维向量存储在分类神经网络中。

现在完成了对示例代码的解读。尽管本例仅采用了一对卷积层和池化层，但是要知道，通常在大多数实际应用中都会用到很多对。神经网络中包含主要特征的小图像越多，它的识别能力就越强。

6.6　总　结

- 为了提升图像识别的性能，要为神经网络提供具备独特特征的特征映射，而不是原始图像。传统上，特征提取器都是人工设计的，而卷积神经网络包含一个用于提取特征的特殊神经网络，它的权重是通过训练过程确定的。

- 卷积神经网络包含一个特征提取神经网络和分类神经网络。它的深层架构曾经被认为是训练过程的障碍；然而，由于深度学习的引入，人们对卷积神经网络的使用正在迅速增长。

- 卷积神经网络的特征提取器是由卷积层和池化层交替叠加构成的。因为卷积神经网络处理的是二维图像，所以它的许多运算都是在二维平面内进行的。

- 通过使用卷积过滤器，卷积层生成的图像突出了输入图像的特征。卷积层输出图像的数量与卷积过滤器的数量相同。卷积过滤器只是一个二维矩阵。

- 池化层能够减小图像的尺寸。它将相邻的像素合并掉，并用一个代表值替代它们，这个值是这些像素的最大值或平均值。

索　引

1

A

B

C

F

G

H

I

L

代价函数 loss function，64，80

M

机器学习 Machine Learning，3，4

最大池化 max pooling，157

平均池化 mean pooling，156

小批量 minibatch，41

MNIST 数据库 MNIST，147，158

模型 model，5

建模技术 modeling technique，6

动量 momentum，76

移动平均过滤器 moving average filter，156

多分类 multiclass classification，101

多层神经网络 multi-layer neural network，26

N

自然语言处理 natural language processing，6，127

神经元 neuron，24

节点 node，24

O

目标函数 objective function，80

one-hot 编码 one-hot encoding，103

输出层 output layer，27

过拟合 overfitting，9，11